[意]
阿纳斯塔西娅·扎诺切利
（Anastasia Zanoncelli）
劳拉·扎内蒂
（Laura Zanetti）
著
刘湃 许丹丹
译

Dinosauri
La Storia Dei Grandi Rettili

远古世界

恐龙和
它的朋友们

这本书的主人是：

送给我这本书的人是：

人民邮电出版社
北京

图书在版编目（CIP）数据

远古世界 ：恐龙和它的朋友们 / （意）阿纳斯塔西娅·扎诺切利，（意）劳拉·扎内蒂著 ；刘湃，许丹丹译. -- 北京 ：人民邮电出版社，2020.11（2023.12重印）
ISBN 978-7-115-54469-8

Ⅰ．①远… Ⅱ．①阿… ②劳… ③刘… ④许… Ⅲ．①恐龙一普及读物 Ⅳ．①Q915.864-49

中国版本图书馆CIP数据核字(2020)第130536号

◆ 著　[意]阿纳斯塔西娅·扎诺切利（Anastasia Zanoncelli）
　　[意]劳拉·扎内蒂（Laura Zanetti）
译　刘 湃 许丹丹
责任编辑　李 宁
责任印制　陈 犇

◆ 人民邮电出版社出版发行　北京市丰台区成寿寺路 11 号
邮编　100164　电子邮件　315@ptpress.com.cn
网址　https://www.ptpress.com.cn
涿州市般润文化传播有限公司印刷

◆ 开本：787×1092　1/16
印张：10　2020 年 11 月第 1 版
字数：223 千字　2023 年 12月河北第 5 次印刷
著作权合同登记号　图字：01-2019-6616 号

定价：59.00 元

读者服务热线：(010)81055410　印装质量热线：(010)81055316
反盗版热线：(010)81055315
广告经营许可证：京东市监广登字 20170147 号

内 容 提 要

138 亿年前，宇宙在大爆炸中诞生了；又经历了一个非常漫长的过程，我们的地球出现在浩渺的宇宙中，各种生命也开启了在这颗蓝色星球上神秘而又漫长的旅程。本书分为 3 个部分：第一部分以地质时期为线索，从宇宙大爆炸讲起，一直到今天，将每一时期的开始和持续时间以及其中的代表性生物娓娓道来；第二部分在读者对远古时代有了一定了解的基础上，专注于生物的演化，以恐龙出现之前的生物为切入点，详述了恐龙的出现、类别与演变；第三部分着重介绍了恐龙灭绝之后，生活在地球上的原始动物和哺乳动物，而在本书的结尾，人类登场。

本书适合古生物特别是恐龙爱好者阅读。

目录

专题

从大爆炸到地球的诞生

科学家将宇宙由最初的致密奇点逐步膨胀形成的过程命名为“大爆炸”，不过，由于周边都是真空的，这次爆炸事实上并没有发出任何声响。

爆炸发生后，物质开始由爆炸点向周围高速扩散。爆炸的力度极强，以至于在 138 亿年后的今天，宇宙仍然没有停止扩张运动！

我们可以把爆炸后的宇宙想象成一碗“浓浓的热汤”，“汤料”由质子、中子、电子和其他粒子组成。那时候的宇宙中还没有生命体，也没有如今我们所熟知的这些物质，只有组成这些物质的无数个小颗粒。

通过强力射电望远镜，科学家采集到了一种叫作宇宙微波背景辐射的残留冷光，这种光线并非来自于恒星、星云或其他天体，而是大爆炸之后的残留物。

根据欧洲南方天文台的研究报告，银河系的年龄大约为 136 亿岁。我们的地球大约是在 46 亿年前诞生的，距大爆炸发生有 92 亿年的时间。

就像它所环绕的恒星——太阳，以及太阳系中的其他行星一样，地球也是由一片星云坍缩形成的。

人类一直想搞清楚宇宙形成的原因，但由于这是一个历经上百亿年的过程，科学家也没有确凿的证据，只能通过建立宇宙模型来进行推理。

根据推理，在 100 多亿年前，气体物质先是集中在一个点（称为奇点）上，随后便在这个点发生了大爆炸。

最开始，奇点是一个由混合物组成的球状体，球心由重元素构成，外面则由一层轻元素的质子包裹。地球在形成的初始阶段经历了两个天体的碰撞，碰撞后形成了地球的卫星——月球！随后，地球逐渐冷却，形成了固体外壳。

本书将地球的发展史分为 4 个阶段，按照从远到近的顺序分别是：前寒武纪、古生代、中生代和新生代。

前寒武纪

早期生命

冥古宙时期，地球遭受着来自宇宙的密集轰炸。

前寒武纪是地球最古老的时期，时间跨越地球的起源（46 亿年前）与有外骨骼的无脊椎动物的诞生（5.42 亿年前）两个节点。最开始，人们认为这一时期的历史不容易被了解，因此将其命名为隐生宙。但随后，人们发现了越来越多该时期的化石，使其部分地层的划分具备了古生物的依据，便将其更名为“前寒武纪”。这一时期又被细分为 3 个小的时期：冥古宙时期、太古宙时期和元古宙时期。人们在格陵兰岛等地的岩石中发现了单细胞细菌的化石，这些细菌是迄今为止最古老的生命体，可以追溯到 40 亿 ~35 亿年前的太古宙时期。在同一时期的海洋里，人们也发现了早期细菌的化石——叠层石（单细胞浅棕色蓝藻）和微化石。

第一种多细胞生命体的化石是在今美国的得克萨斯州被发现的，这种生命体诞生在距今 20 亿年前。在印度和澳大利亚则发现了其他多细胞生命体，而早期的蠕虫状生物遗迹是在中国发现的。其实，上文提到的这些也许并非多细胞生命体的遗迹，它们可能只是黏合在一起的多个单细胞生命体。经过科学鉴定的多细胞生命体遗迹距今已有 6 亿年的时间。

20 世纪 50 年代，几位澳大利亚的地质学家在埃迪卡拉山上发现了一些非常特别的化石，这些化石经过鉴定后被确认为寒武纪时期最古老的物种——一种与今天的水母非常相似的软体生物。其他的化石也相继在俄罗斯的白

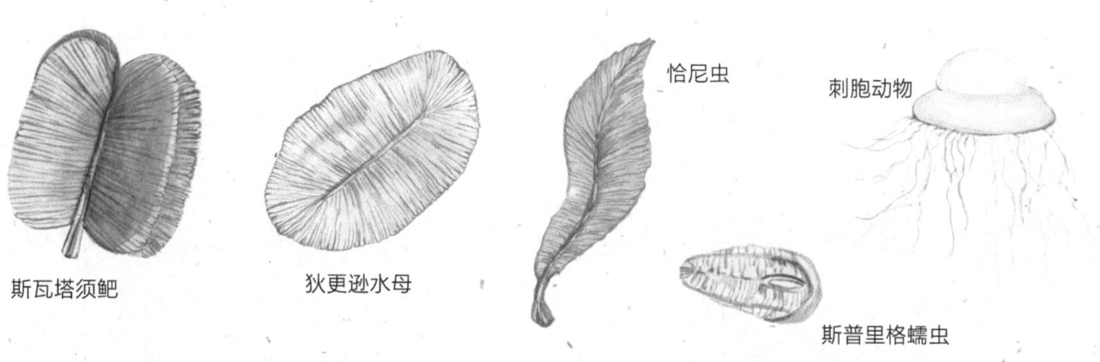

海、非洲、加拿大和纽芬兰岛等地区被发现。

古生物学家很难推测出这么古老的生命体究竟长什么样。它们也许和今天的蠕虫非常相似。有些生命体只留下了吸盘和一种类似于“气囊”的器官，而古生物学家目前仍然不清楚这些器官来自哪些生物。它们可能没有头，没有尾巴，也没有肢体，不用依靠嘴和消化器官来进食，而是靠吸收周围水分中的营养物质来维持生命。部分古生物学家认为，这些生物的内部可能寄生着一些藻类，它们靠吸收藻类光合作用产生的能量为生。这些生物有些生活在海底，与动物相比，它们的体态更像植物；还有一些位于深海区，这些生物没有防御和逃跑系统，事实上，它们也没有天敌。一些古生物学家认为，这些生物并不是纯粹意义上的动物，而更像是地衣。还有的古生物学家将这些生物命名为这一时期独有的“文德生物”，这一时期后，它们就灭绝了，因此和之后的生物没有任何可比性。

古生代

“古生代”，顾名思义，指的是从地质学角度来讲出现第一批生物的时代。但随着古生物学家相继发现前寒武纪更古老的化石，这一时代也就并非最先出现生物的时代了。古生代是指 5.42 亿年前到 2.52 亿年前这段时间，它分为 6 个时期：寒武纪、奥陶纪、志留纪、泥盆纪、石炭纪和二叠纪，到恐龙出现时截止。

寒武纪

寒武纪是从 5.42 亿年到 4.85 亿年前的这段时间。这一时期，地球分为两个大陆板块：一个板块叫作冈瓦纳古陆（包括今南美洲、非洲、澳大利亚、南极洲及印度半岛和阿拉伯半岛），另一个板块叫作劳亚古陆（包括今亚洲的大部分、欧洲和北美洲）。随后，这两个板块合为一体，形成了一个被称为“盘古大陆”的超级大陆板块，此后盘古大陆又发生了分裂。这是一个非常神奇的时期，正是在这个阶段，地球上开始涌现出大批物种。尽管这些物种都生活在水里，但古生物学家还是将这一阶段称作“寒武纪生命大爆发”。这一时期是地球生命发展的重要时期，在距今 5.42 亿年到 5.2 亿年前的这段时间里，无脊椎动物物种的数量呈辐射式增加，古生物学家开始以“门”（如人类所属的脊索动物门）来划分动物类别。前寒武纪时期的软体生物和叠层石（菌落）被硬体生物所取代，最典型的就是三叶虫。不过，三叶虫并非唯一的甲壳生物，在这一时期还出现了最早的贝类生物。脊索动物包括脊椎动物，这一物种是在寒武纪中叶发展起来的，其特点是身体有一根原始的脊椎支柱（这根支柱被叫作脊索），在特定的情况下脊索会伸直，用来支撑身体。

蒙特虫自带楔形贝壳，可以轻松地将身体挂在深海区。

创纪录演化的生物化石

三叶虫化石占到寒武纪生物化石数量的 1/3：这种节肢动物种类繁多，能在短期内飞速演化，衍生出许多奇形怪状、富有未来主义风格的形态。这种史无前例的扩散式演化形式促进了所谓的寒武纪生命大爆发。在众多形态的三叶虫中，有些眼睛很大，它们在水中游弋，需要自卫的时候会蜷成一团；有些则没有眼睛，只能在海底挖洞。不过，不管是哪种三叶虫，它们的躯体上或长有一只足以爬行的爪子，或长有一片鳃。

三叶虫

“插着蜡烛的生日蛋糕”

威瓦西虫

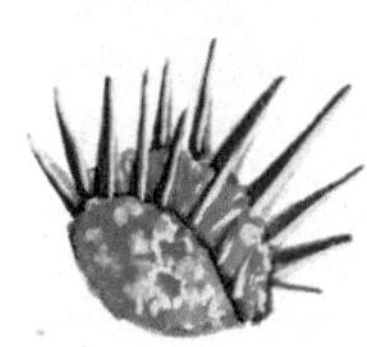

威瓦西虫身长 3 厘米，体态呈圆包状，身上披着一层鳞片，看上去就像一个插着蜡烛的生日蛋糕。不论是马尔虫的化石，还是威瓦西虫的化石，它们都属于伯吉斯页岩化石。这种化石位于加拿大伯吉斯页岩地带。在寒武纪时期，这里存在大片非常细腻的淤泥，随后，淤泥逐渐石化，岩石中便留下了大量的化石，这其中还包括一些非常不易保存的生物组织，例如那些结构很脆弱的动物的遗迹。

“雕花螃蟹”

马尔虫是一种身长 2 厘米的节肢动物，头上长着一个大甲壳和两副触角。躯体分为 24~26 节，每一节的两端都长有钩手。这种动物依靠长在后半身的一只爪子行走，还会游泳。

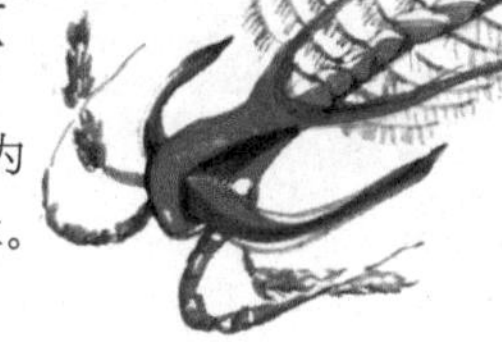

马尔虫

脊索动物之王

皮卡虫

在寒武纪的脊索动物中，需要特别说一说皮卡虫，这种动物长得很像鳗鱼，却只有 5 厘米长！

奥陶纪

奥陶纪时期是指距今 4.85 亿年到 4.44 亿年的这一时间段。在这一时期，地球上的生物进入了新一轮的演化阶段，多种不同特征的新物种开始在地球上定居，它们可以过滤水中漂流的浮游生物，从这些浮游生物中摄取营养。这类动物的很多种类都生活在海底，包括某些双壳软体动物，以及形成礁石的珊瑚。在这些礁石间游弋着其他软体动物。在这些礁石的附近还有一些藻类，其中包括看上去像棉球的球形藻。在淡水区，越来越多的绿藻开始出现，这些绿藻就是陆上植物的祖先。

第一批“征服”大陆的植物是一种类似于苔藓的生物组织，这类生物的繁衍仍然不能脱离水，因此还不能在远离水源的地方生活。在奥陶纪，三叶虫类生物进行了大规模的演化：有些长出了大眼睛，适合游泳；还有些以海底物质为生，长出了铲子模样的鼻子，方便其在海底挖泥觅食。

100 多年的谜团

光学显微镜下的牙形虫

人们用了很长一段时间才揭开了牙形虫的神秘面纱。起初，人们只有在显微镜下才能观察到这种生物锋利的牙齿。到了 1983 年，人们发现了一具牙形虫的完整化石，化石的形状类似于一条小型鳗鱼。牙形虫长着大眼睛，牙齿很长，甚至与它们的咽道一样长。部分古生物学家认为，由于牙齿与骨骼的组成成分类似，牙形虫可能是脊椎动物的祖先。

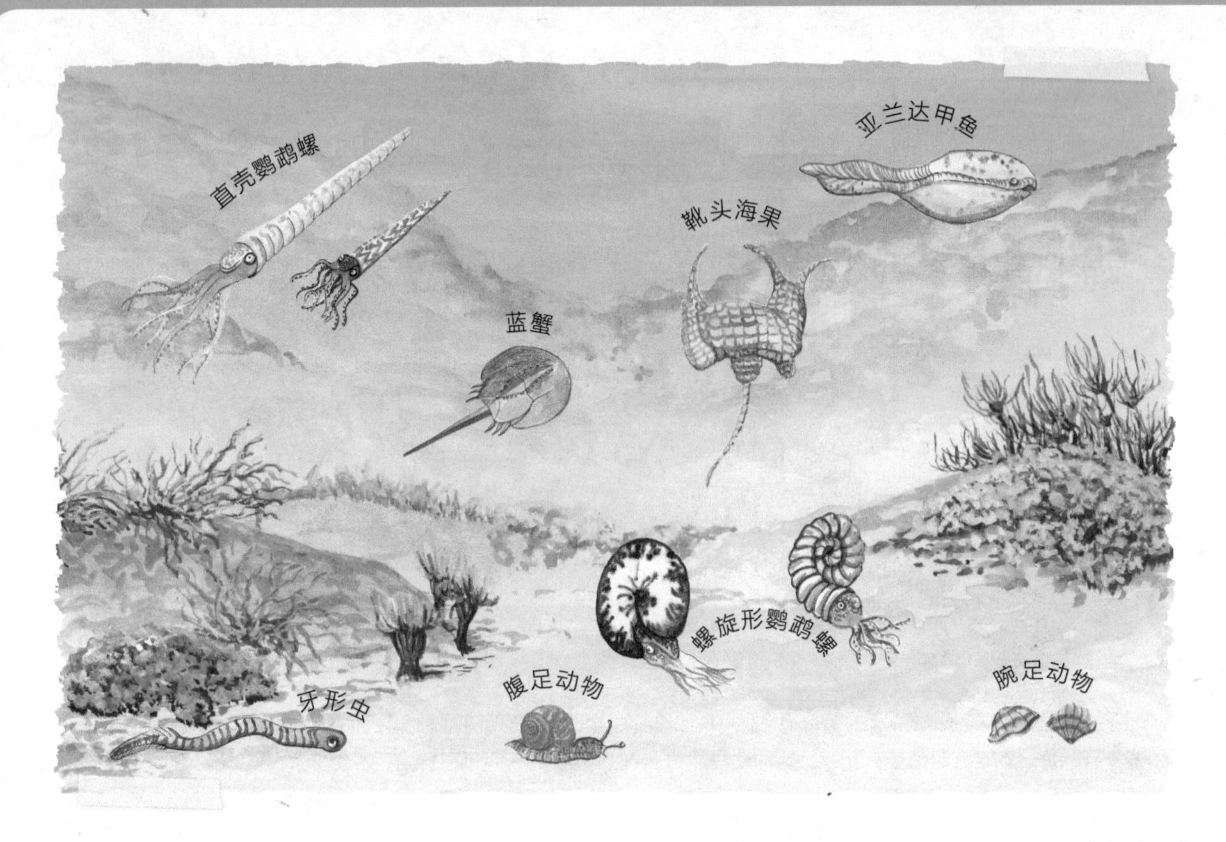

爱斯托尼角石是一种可以游泳的软体动物，属于鹦鹉螺家族，螺旋形的壳直径最长可达 10 厘米，便于在深海捕猎。部分鹦鹉螺类生物的壳直径可达 5 米长。

扭月贝

扭月贝生活在海底的沙子里，区别于同类的是，它不会吸附在岩石上。它的外壳由两个贝壳组成，这两个贝壳可以完全密封地合起来。

志留纪

植物在地球上扩散生长

志留纪时期指距今 4.44 亿年到 4.19 亿年的这一时间段。在奥陶纪末期，地球上的很多生物都灭绝了。进入志留纪时期，存活下来的生物都生活在大陆地区的水域中。水域的温度较高，水位较低，在这种环境中生活的生物包括腕足动物（双壳）、软体动物、三叶虫和笔石动物。在这一时期，出现了全新的无脊椎水生动物，样子类似于我们今天看到的海胆；还出现了无颌鱼类（一种永远张着大嘴却没有下巴的鱼）和有颌鱼类，后者又分为有壳的盾皮鱼和棘鱼（可以看作一种带刺的鲨鱼）。这些水生动物最后演化成了第一批陆生动物，包括原始形态的蜘蛛、千足虫和蝎子等节肢动物。同时，植物也在陆地上大规模生长：奥陶纪的原始苔藓演化成了带维管的植物，这类植物的木质部长出了小维管，维管可以为植物全身运送生长所需的水分。得益于这一生理结构，植物可以远离水源，在陆地上进行大规模扩散。

库克逊蕨曾大批生长在爱尔兰地区的岩石中。这种植物没有根和叶，但拥有圆柱形的茎，每根主茎上有两支分茎。这种蕨类植物高达数十厘米，在水塘和湖泊周围生长。

最古老的陆生维管植物

巴拉万石松的茎从地面往上长，最长可以达到约 25 厘米。它的叶子极小，长势极密，就像植物的毛发。

派卡藻是一种在水中或近水地带生长的绿藻。今天的北美洲和欧洲都留存有这种植物的痕迹。这种藻类形状扁平，分枝生长，长度可达 4 厘米。它的外部有一层非常厚的保护层，可以防止植物干枯。

泥盆纪

泥盆纪时期指距今 4.19 亿年到 3.59 亿年的这一时间段。这一时期是陆上生物的重要发展期：肉鳍鱼类演化成了早期的四足多指脊椎动物。

不过，这一时期也被称为“鱼类时代”：这一时期有很多鱼类，包括没有下巴却永远张着大嘴的无颌鱼类和长着下巴的有颌鱼类、软骨鱼类和硬骨鱼类。同一时期，陆生植物演化出了前所未有的根和叶，茎变得越来越粗，逐渐演化成树干，同时，植物长得更高更茂盛了。这一时期的蕨类植物和木贼植物在随后的时期里演化成了针叶植物，这种植物在石炭纪尤为常见。

古蕨是一种泥盆纪非常常见的植物，拥有发达的根系和叶子，茎干高度可达 20 米，与现代植物非常相似。

工蕨是一种没有根和叶的原始陆生植物。它近地表的拟根茎部分以工字形或 K 字形分枝，并由此分出二歧分叉的直立枝，长度可达 20~30 厘米。工蕨茎的最上端长有蒴果，提供繁殖所需要的孢子。

地球上最古老的植物之一

弓鲛

弓鲛是一种极其原始的鲨鱼，身长有 2 米。它一般捕食那些身体虚弱或处于困境的猎物。弓鲛的牙齿分为两部分：一部分外形像钩子，用来钩住鱼类或软体动物油滑的身体；另一部分牙齿非常锋利，用来咬裂硬壳。弓鲛的头部长有两个小犄角，古生物学家认为这对犄角可能是求偶用的，也没有其他具体功能。弓鲛的背部长有两片背鳍，其中一片是用来自卫的骨鳍。

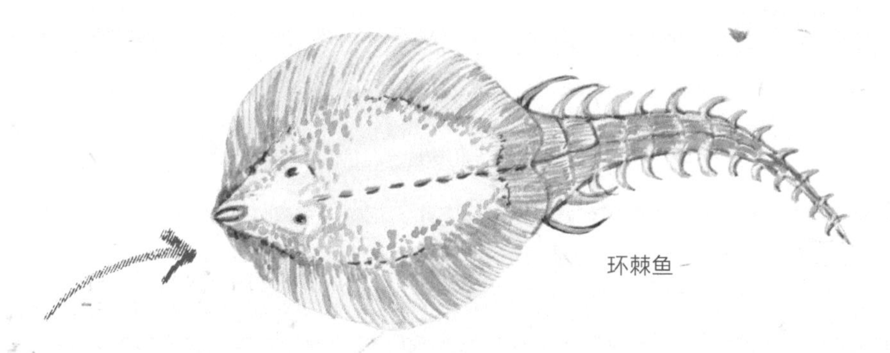

环棘鱼

环棘鱼是一种史前鱼类，身长 90 厘米，首次发现于美国怀俄明州的绿合组。它的鱼尾上长有尖刺，如今还不能确定这种尖刺是否像现代鱼的毒刺那样具有毒性。古生物学家由环棘鱼三角形的牙齿推测，这种鱼可能以有壳动物和软体动物为食，用牙齿咬破其外壳。

棘螈属于第一批四足脊椎动物，它的化石发现于格陵兰岛。尽管是陆生动物，棘螈却仍然保留着鳃和带鳍的尾巴，它在水塘环境中很可能比在陆地上更加行动自如。

裂口鲨的化石发现于北美洲伊利湖南岸的克利夫兰页岩层。它的化石保存得非常完整，除了骨架，还包括表皮、肌纤维和内脏（如肾脏）。

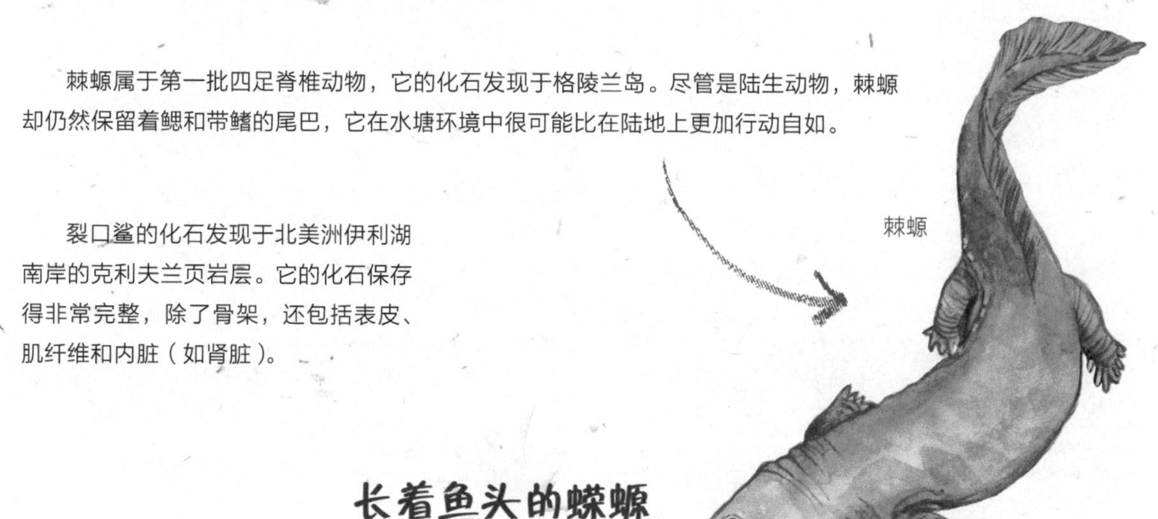

棘螈

长着鱼头的蝾螈

石炭纪

石炭纪时期指距今 3.59 亿年到 2.99 亿年的这一时间段。这一时期的显著特征是出现了羊膜动物。这种动物在刚出生的时候虽然个头还小，但已经呈现出了成年时期的外形，同时，它的体内还演化出了多层保护膜。

举一个简单的例子：卵就是一种保护膜，胚胎是在卵的内部发育的，当幼体从卵里出生后会逐渐发育成熟。

羊膜动物随后分化为两大类：爬行动物和似哺乳类爬行动物（见 54 页）。爬行动物数量繁多，是脱离水生环境之后演化出的第一批生命体。这类动物包括无孔亚纲动物，它们像今天的乌龟一样，拥有坚硬的头骨，没有颞颥孔；还包括双孔亚纲动物，这类动物的头骨中有两个很宽的颞颥孔。它们形态各异，涉足海、陆、空等各类环境。

说到“石炭纪”的命名，就不得不提这一时期几百万年间出现的大面积森林，这些森林在成为化石后储藏了今天所谓的煤炭能源。这些森林在广阔的湿地地区生长，多为热带森林，主要的树木为石松和木贼。

在石炭纪的沼泽森林中栖息着各种动物：无脊椎动物中最常见的是四射珊瑚、海蕾和海百合，它们生活在热带森林的温暖水域中。在淡水中生存着大量的有壳动物和腹足纲软体动物。陆地上则栖息着大批蛛形纲动物、蝎目动物、多足纲动物和其他昆虫。脊椎动物中包括原始的有骨鱼类、软骨鱼类、四足动物、离片椎目和爬行纲动物。

巨型蜻蜓的秘密

这一时期，天空中飞着蜻蜓等各种昆虫，这些昆虫的个头就像海鸥那样巨大。古生物学家认为，大片沼泽森林的形成导致地球大气层中的含氧量骤增，因此，昆虫在幼虫时期就被迫增大自身的个头，以防氧气中毒。

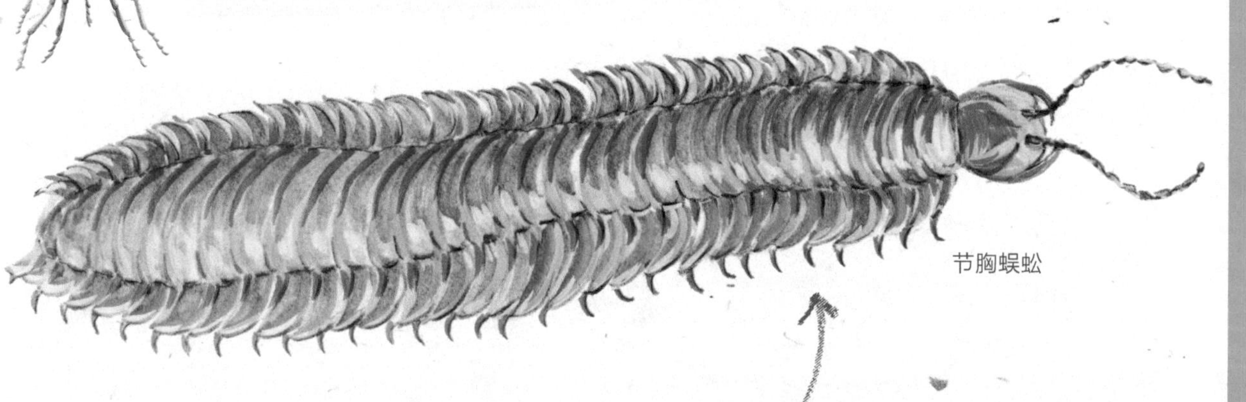

节胸蜈蚣是一种巨型的扁身多足动物，身长 2 米！它的身体由 30 多节组成，每一节的边缘都有保护板。节胸蜈蚣以沼泽森林下层灌木丛中的大量植物为食。虽然这种多足动物没有遗留下完整的大型化石，但我们还是发现了一些它的遗迹。

来自黑湖的生物

这种名为“*Eucritta melanolimnetes*”（拉丁学名，意为“来自黑湖的生物”）的生物是一种四足动物，形似现在的蝾螈，身长 25 厘米，介于水陆两栖与爬行动物之间。它的化石发现于苏格兰，但直到现在，古生物学家仍然没有全方位地了解这种动物。

离片椎目动物是一种生存在石炭纪、二叠纪和三叠纪时期的两栖生物，既可以在淡水中居住，也可以在沿海的陆地上生活。它们的化石分布在各大洲，包括南极洲。

石松（拉丁语属名“*Lycopodium*”，意为“狼的脚”）是至今仍然存在的一类植物。这类植物的茎贴着地面生长，叶子呈螺旋状排列。

木贼（拉丁语属名“*Equisetum*”，意为“马的尾巴”）也是至今仍然存在的一类植物。这类植物寿命很长，依靠孢子繁殖，根状茎粗短，横生地下，喜生于山坡林下阴湿处。这类植物种类繁多，高度最低为 20 厘米，最高可达 2 米。

科达树是一类在石炭纪很常见的植物，拥有长长的带毛的叶子，在红树林沼泽地生长，有些品种的高度可达 30 米，部分品种形似灌木。

蕨类植物也是地球上最古老的绿植之一。

在石炭纪，种子蕨是一种非常常见的植物，与其他蕨类一样，它生长在错综复杂的下层丛林中。

蕨类植物没有花，也没有果实，依然只能在有水环境中繁殖。它的叶子有点像鸟类的羽毛，在丛林中的树荫潮湿地带茂密地生长。它叶子的下部表面上长有用来生殖的孢子。

针叶树和华丽木演化得比较先进，华丽木曾在北美洲和欧洲大陆上生长，如今已经灭绝。据推测，华丽木是一种巨大的攀缘植物，长着纤细而盘曲的茎轴，藤蔓伸向四面八方，是小动物们的栖息地。

经过地表的灾难性变化后，石炭纪的森林被厚厚的土层所覆盖。在土层下面没有氧气，只有一些特别的微生物组织。最终，树木被炭化，在这期间，除碳元素以外的所有化学元素都流失了。树木最先变成泥炭，随后经历石化，形成了褐煤。几百万年后，这些褐煤变成了深色的无烟煤，这种煤曾长时间被人类当燃料使用。原始炭中又衍生出了化石炭，后者成为人类在好几个世纪里所使用的燃料（今天仍然被少量使用）。

这一时期还演化出了早期的银杏类植物，我们今天看到的银杏树就是从史前的银杏类植物直接演化而来的。在当时，银杏类植物的高度可达 30 米，叶子的形状与银杏树的非常相似。

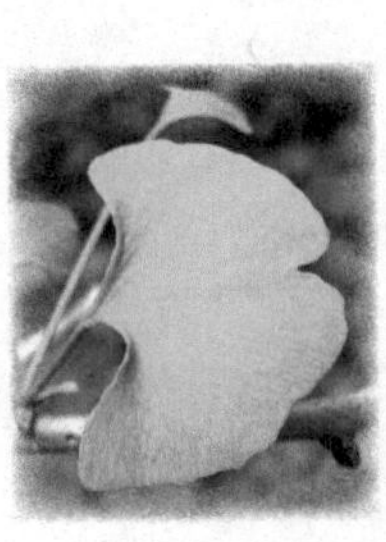

银杏叶

银杏树

二叠纪

二叠纪时期指距今 2.99 亿年到 2.52 亿年的这一时间段。这一时期最重要的动物是合弓纲动物（见 54 页），这种动物是一种四足脊椎动物，头骨的两侧各有一对下位的颞孔。哺乳动物也是从合弓纲动物演化而来的。这一时期的海洋中也生存着多种生命体，如单细胞、多细胞和无脊椎的珊瑚，各种鱼类，还包括回到水下生活的中龙等爬行动物。值得一提的是，在众多生命体中，鱼类是受二叠纪末期物种大灭绝事件影响较小的物种。

在二叠纪，植物经历了重要的演化过程：石炭纪的木贼和石松不复存在，取而代之的是现代的裸子植物，这种植物的种子是裸露的，没有果实的包裹。

这一时期演化出了针叶树、苏铁和银杏树。在二叠纪晚期，地球气候变暖，部分针叶树演化出了厚厚的长满了茸毛的肉质叶子，以适应炎热干燥的气候。

异齿龙要算基龙体积最大的表亲了，与基龙不同的是，异齿龙是食肉动物。人们经常将异齿龙与恐龙混为一谈，事实上，异齿龙属于哺乳动物所属的合弓纲动物。

基龙是一种合弓纲动物，长有不同类型的牙齿，前牙呈凿子形，上颚附近的牙齿没有那么锋利，用来嚼碎叶子。基龙最具代表性的特征是长在脊背上的扁长背帆，背帆由木棍状的“刺”支撑。古生物学家认为，背帆具有“热量转换”功能：在太阳照射下，背帆会把热量传递到基龙的身体上；而当基龙身体的温度过高时，热量会通过背帆散发出去。

在二叠纪时期，舌羊齿植物是盘古大陆上常见的植物。舌羊齿植物的化石现今散落在各大洲的陆地上，这一点证实了大陆板块的分裂理论，也为二叠纪时期地球上只有一块超大陆（盘古大陆）的理论提供了论据。舌羊齿植物高达 8 米，叶子呈剑形。

舌羊齿植物

畸羊齿植物

畸羊齿植物高达 5 米，有些畸羊齿植物拥有笔直的枝干，有些则是攀缘类植物。

物种大灭绝

二叠纪末期物种大灭绝：史上最严重的大灭绝事件

在距今 2.5 亿年的二叠纪晚期，地球遭遇了有史以来最严重的大灭绝，只有 5% 的物种存活了下来（打个比方，在 100 种生物中，只有 5 种生物幸存并进入到下一个时代）。

古生物学家至今仍然没有搞清楚那次大灭绝发生的原因，最具说服力的观点是大范围的火山爆发。在西伯利亚和中国部分地区的岩石中，人们发现了火山爆发的迹象。大范围的火山爆发使空中长期布满火山灰，阳光无法穿透云层，地表温度骤降，不再适宜生物的生存，只有抗寒能力最强的生物才能够抵御这样的寒冷。

因此，到了二叠纪晚期，地球的南北极形成了冰川，这些冰川逐渐扩散，海平面降低。此外，这些冰川还将太阳的热量反射到了空中，进一步降低了地表的温度。海平面的降低使得大量沉淀在海底的煤质上浮到海面，释放出大量的二氧化碳，水中与空气中的含氧量由此下降，大量动物窒息而死直至灭绝。

盘古大陆的中央地带由于远离大海，无法接收到雨水，形成了类似沙漠的干旱炎热地区。

中生代

爬行动物的时代

三叠纪

三叠纪时期指距今 2.52 亿年到 2.01 亿年的这一时间段。在二叠纪物种大灭绝事件之后，古生物学家将三叠纪定义为一个生物重组和地球被二次征服的时期。

在三叠纪中叶，出现了恐龙总目下的两个大目：蜥臀目（腰带结构类似于蜥蜴等爬行动物）和鸟臀目（腰带结构类似于鸟类）。海洋中则出现了第一批海底爬行动物——鱼龙目动物。三叠纪晚期，盘古大陆的分裂使得地球上频繁出现地震，大量原始生物灭绝，远古时期的爬行动物和两栖动物遭受了尤为巨大的打击，同样灭绝的还有原始的恐龙。在三叠纪时期，第一批哺乳动物与恐龙同时出现。这些动物中有的体形较小，以昆虫和种子等为食；为了躲避体形庞大的恐龙，它们盘踞在小洞穴里，夜间才出动。第一批食草动物类似于现代的啮齿动物：有的像老鼠一样小，有的则体形较大，与海狸相似。

银杏树属于银杏科植物，这种植物一直存活至今。可以说，银杏树真的是一种古老的树木！银杏树最初生长在中国境内，随后被移植到全球各地，具有强大的适应能力。这种树木最高可达 35 米。

犬颌兽属于合弓纲动物中比较先进的一类生物。它长有类似犬牙的长犬齿，两边的牙齿非常尖利，由此断定，它是一种食肉动物。犬颌兽的皮毛可以保持身体恒温。

大带齿兽生活在三叠纪时期，是一种原始的哺乳动物，身长只有数十厘米，外形类似老鼠。根据牙齿和下颚可以判断，大带齿兽属于夜行性动物，生活在森林的灌木丛中，以昆虫和小型无脊椎动物为食。这种动物的化石最先在非洲发现，不过据推断，它们也曾在现今的欧亚大陆生活过。

侏罗纪

侏罗纪时期指距今 2.01 亿年到 1.45 亿年的这一时间段。这一时期，地球上的生物经历了翻天覆地的变化：初龙次亚纲与合弓纲动物在侏罗纪之前的三叠纪晚期就已经灭绝（小型的合弓纲动物演化成了哺乳动物）。

这一时期的主宰者是恐龙：有长着巨大骨质板的剑龙，有长脖子的蜥脚龙，还有靠捕猎为生的兽脚龙……在空中飞的是翼龙，值得一提的是，鸟类就是由小型恐龙演化而来的。

在海洋里，各种形态的生物共存，有菊石、箭石、鲨鱼，还有一些原始的鱼类。有骨鱼的体形变得更长了，这便于它捕食和过滤。还有一些类似于现代海百合的动物，它们拥有巨大的体形，在水面上漂浮的树木表面也可以生长。

陆地上演化出了一类叫作“苏铁”的植物，有花植物就是从这类植物演化而来的。现代的松树、紫杉、红杉和柏树都是从原始的针叶树演化而来的。这一时期的大陆基本上被蕨类、石松和木贼所覆盖。

威式苏铁是中生代苏铁科植物的一属，树干粗壮，表面布满了宝石状的鳞片，叶子呈羽毛状，平行地生长在单秆上，类似于现代的植物。这种植物会长出大量的星状花朵，花苞里含有孢子或种子。

白垩纪

白垩纪时期指距今1.45亿年到6600万年的这一时间段。这一时期，地球大陆仍然由恐龙统治，同期，恐龙也演化出了新的种类，如暴龙、鸭嘴龙和角龙。此外，这一时期还演化出了各种鸟类，形态与现代的鸟类相似。

原始蜥蜴演化成了蛇。这一时期出现了新品种的有花植物，这也使得昆虫的种类不断增加，包括类似于蝴蝶、蚂蚁和蜜蜂的原始传粉昆虫。裸子植物，特别是针叶树、柏树和南洋杉，在各个大陆上都很常见。不过，这一时期最重要的新植物当属被子植物。这是一种有花植物，初期体形很小，形似野草，随后体形逐渐增大，类似于今天的白桦树、柳树和木兰树。这些被子植物形成了成片的森林，树下是由蕨类植物组成的茂密灌木丛。

在海洋里生活的无脊椎动物完成了进一步的演化，很多动物的形态都与如今的海底生物相似。这一时期的新物种包括沧龙（一种硕大的海底蜥蜴）、海龟和海鸟。

恐龙时代的落幕

恐龙大灭绝

在白垩纪末期，地球上包括恐龙在内的 75％的生物都灭绝了。大型动物全军覆没，兽脚亚目恐龙（食肉恐龙）就是其中之一。生活在海洋里的中龙、蛇颈龙、箭石、小型软体动物和浮游生物也全部灭绝；除了鳄鱼和海龟，所有的海底爬行动物也都未能幸免。事实上，我们并不能确定在大灭绝发生时地球上还有多少恐龙存活，或许在最后时刻，恐龙们生活在被污染的植被资源稀缺的环境里。但可以确定的是，导致物种大灭绝的一定是个灾难性事件。科学家较为认同的一种理论是，地球表面遭遇了陨石的撞击。人们在地球上的某些地带发现了大量的铱元素，这种化学元素在地球上非常罕见，却是陨石中的常见元素。20 世纪 90 年代，人们在墨西哥的尤卡坦半岛发现了一个名叫“希克苏鲁伯陨石坑”的巨大且呈环形的撞击坑。科学家推断，该陨石的直径至少为 10 千米，它撞击地球时的速度为 30 千米 / 秒，此次撞击的威力相当于引爆数千枚核弹！在印度洋海底有一个叫作“湿婆”的陨石坑，据推断，该陨石的直径至少为 40 千米。陨石的撞击引起了洪水的泛滥，所有的海岸栖息地都被大海吞没。此外，陨石在与地球大气层接触时发生摩擦，飞溅出很多火热的碎片，这也造成了全球性的火灾。

关于大灭绝的其他理论

恒星爆炸理论

部分科学家认为，当时银河系中一颗距离地球较近的恒星发生了爆炸，对地球造成了致命的核辐射。它相当于在地球附近引爆了几颗原子弹，整个地球遭到了翻天覆地的摧毁，恐龙大灭绝便不可避免。

生物理论

也有一些科学家认为，地球上爆发了可怕的瘟疫，这是导致恐龙灭绝的真正原因。这些传染病可能是由新型寄生虫造成的。被感染动物的生理结构遭到了破坏，尤其是食草动物。由于无法适应新品种的植物，它们相继饿死，于是食肉动物便面临无肉可食的境地，也难逃灭绝的命运。

火山爆发理论

还有的科学家倾向于认为，在白垩纪末期，地球上发生了一系列的火山爆发与地震，细薄的火山灰遮蔽了天空，阳光无法穿过灰霾，不能为地表提供足够的温度与光照。

变化中的……地球

恐龙出现在距今 2.4 亿年前的三叠纪时期。当时，地球上只有一块叫作“盘古”的大陆，盘古大陆被唯一的海洋“泛大洋”（又称盘古大洋）所包围。三叠纪初期地球上气候寒冷，随后开始变暖，逐渐出现了季节的更迭。

恐龙这种陆生动物曾统治地球长达 1.6 亿多年之久，一些侏罗纪时期原始恐龙的形态一直延续到了今天。比如，今天我们所能看到的9000余种鸟类都是从恐龙演化而来的。恐龙的形态很多，目前，古生物学家已经确认了恐龙的 500 个属和 1000 余个非鸟类恐龙的形态。

恐龙化石在如今的各个大洲都能找到，因为这些大陆都是由当时的盘古大陆分裂而来的。

三叠纪时期的世界

在三叠纪时期，各个大陆板块是连接在一起的，这个超大陆叫作“盘古大陆”。盘古大陆被唯一的一片超级海洋“盘古大洋”所环绕。

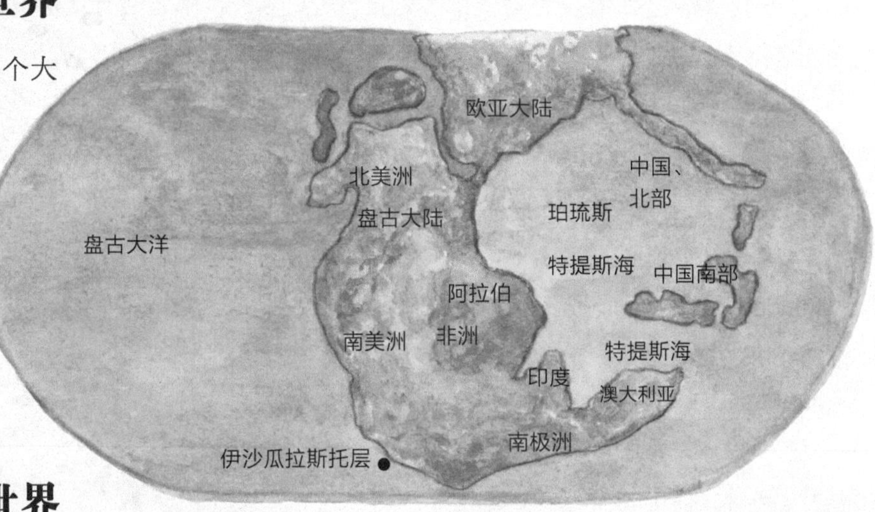

侏罗纪时期的世界

形成欧亚大陆和非洲大陆的单一大陆板块分裂出了今天的北美洲板块，这一新的板块被科学家命名为“劳亚古陆”。地球南部没有发生地壳变化，仍然是被称作“冈瓦纳古陆”的大陆板块。在劳亚古陆和欧亚大陆之间形成了原始的大西洋，而在欧亚大陆和冈瓦纳古陆之间形成了特提斯海。各个大陆周围的大片海洋通称为“盘古大洋”。

白垩纪时期的世界

冈瓦纳古陆的南部分裂成了不同的大陆板块。高纬度地区的寒冷气候使这些地区形成了如今的极地环境。

板块构造理论

通过板块构造理论，人们试图解析地球的构造以及地球从古到今的演变过程。地壳最为人熟知的地方就是表面部分，这一部分在科学上被称为“岩石圈”，它的平均厚度约为 100 千米，距离海平面 50 千米。岩石圈由十余个大板块和大量的小板块所构成。根据板块构造理论，这些组成岩石圈的大板块并不是连接在一起的，而是在软流层上以每年 2 ~ 10 厘米的速度漂移。每当不同的板块相接触时，就会发生地震和海震现象。

气候与恐龙

古生物学家认为，在恐龙存活的那一段时期，地球上经历了快速的气候变化。这些气候变化主要是由板块运动造成的。板块运动形成了大片的山脉，也使得不同大陆间相互侵蚀，而恐龙则需要应对由此所带来的气候变化。在三叠纪时期，各大板块还是连接在一起的盘古大陆，被盘古大洋所环绕。在盘古大陆的内部存在着大片的高温沙漠地带。海岸地区的气候则较为温和。在侏罗纪时期，气候非常炎热，两极地区甚至都没有结冰。这一时期的海平面逐渐升高，海水淹没了一部分陆地，形成了潟湖和浅海。随后，气候开始变得温和，许多恐龙开始繁衍生息，其中包括体形硕大的蜥脚类恐龙。在白垩纪时期，盘古大陆分裂成了劳亚古陆和冈瓦纳古陆，两个新大陆间形成了特提斯海。尽管温度仍然较高，但地球上已经出现了季节的更迭。古生物学家认为，之后发生的地质或天文等方面的不明灾难，造成了地球气候的骤变，这才是导致恐龙灭绝的原因。

大自然的……玩笑！

“化石”的意大利文“fossile”来自于拉丁语词汇“fodere”，意为“挖掘”。不过，古人是不太可能去专门挖掘化石的，因为他们还不知道化石的重要性。不过，古人还是见过化石的，因为偶尔发生的地震、洪水和台风，都会使古生物的残骸暴露在地表。发现这些残骸之后，古人可能会将它们与传说中的神兽联系在一起。直到 18 世纪，人类都未能解读出这些残骸中蕴藏的奥秘，还以为是大自然跟人类开的一个玩笑……这些石头怎么就那么像生物呢？现在我们都知道了。没有化石，我们就对恐龙一无所知。不过，恐龙化石也并非那么容易就能找到。形成化石的首要条件是，恐龙在死亡后迅速被掩埋在一片具有抗分解特性的地带，如沙地或泥炭地等，因为在这样的无氧环境下，起分解作用的细菌是无法存活的。同时，恐龙的尸体还不能被食腐动物发现。如果恐龙死在湖泊和浅海中，或是附近地带，它的尸体很快就会被泥沙覆盖。肌肉等柔软的部分会被分解，但骨骼和牙齿等较硬的部分会发生矿化作用，地面上的矿物盐会让这些部位变得更加坚固，从而得以留存上千万年。这样就形成了与恐龙生前轮廓完全一致的化石，哪怕是最微小的细节都能保存下来！

什么是化石？

化石是生物有机体死后留下的遗迹。不是所有的动物和植物遗体都能变成化石，因为这是一个非常偶然的过程，大部分遗体很容易就被快速分解了。想要形成化石，尸体需要被相当多层的沉淀物所覆盖，这样尸骸才能免受侵蚀和分解。通常来说，湖底、海底和沙丘是理想的掩埋地点，如今保存最完好的化石都是在史前的海、湖和沙漠地区发现的。尽管有沉淀层覆盖，但是像皮肤、肌肉以及内脏这种易分解的柔软部位还是会被分解。即便不发生分解，这些部位也很难变成化石，只是偶尔会留下些许痕迹，这样的化石是非常罕见的。通常遗留下来的都是比较坚硬的部分，如骨骼、牙齿、犄角、蹄子等。遗存在岩石间隙中的骨骼会发生颜色、质量和密度的变化。有时，化石也会变成岩石，这一过程叫作“石化”，矿物盐会使生物有机体比较硬的部分变得像岩石本身一样坚硬。

化石的形成

植物或动物死亡后，可能会沉入海底或淡水湖底（这种情况较多发生在菊石类动物身上）。

生物有机体较软的部分开始分解。

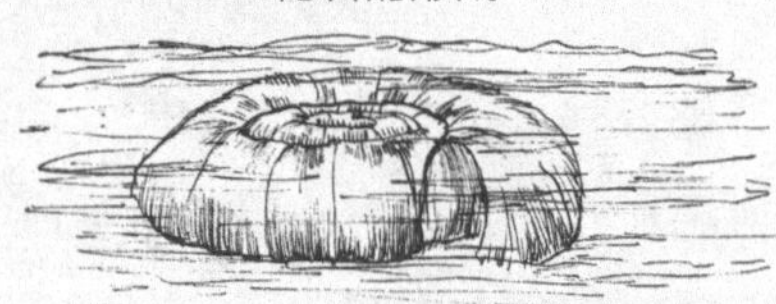

在沙地、泥炭地和沙丘等缺氧地带，食腐动物无法存活，这样，被覆盖的尸体就不容易被分解。

随着时间的推移，水中溶解的矿物质会令生物有机体的坚硬部分进一步硬化。几百万年后，泥土会化为岩石层，生物有机体的骨架会随之变成化石。

经过地壳变化和外界的侵蚀，化石会从岩石层中暴露出来，随后被人类发现。

粪化石的研究意义

结成化石的粪便

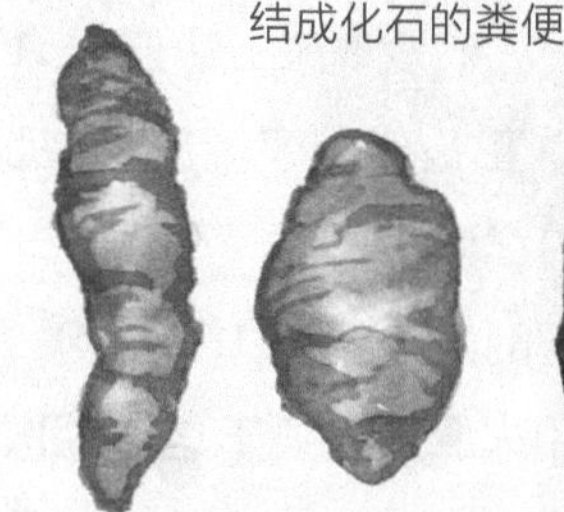

“粪化石”一词是由“粪”和“化石”两个部分组成的，没错，它所指的就是粪便的化石！

迄今为止，最大的粪化石发现于 1995 年，现存于加拿大的萨斯喀彻温皇家博物馆里。这块粪化石长达 44 厘米，重 7 千克，可能是一只食肉恐龙的粪便，据推测是霸王龙的粪便。这块粪化石的内部含有一只食草恐龙的遗迹！不过，人类发现的粪化石可并不全是这么大的，最常见的是无脊椎生物留在海底的小型粪化石，这些化石最后形成了沉积岩。有时，粪化石也会被当作商品卖给古生物爱好者们，而且经常价格不菲！

通过对粪化石的形状、体积和数量的研究，古生物学家得以获悉关于动物的诸多信息。比如，粪化石能反映出恐龙的饮食习惯。

– 如果在发现粪化石的地点周围还能找出一些骨骼化石，那么就可以推测出恐龙是死在“厕所”附近的，可能它们生前就居住在那一片区域，也可能经常在那一片区域出没。

– 如果粪化石上留有骨骼、牙齿和犄角的痕迹，那么便可以知道这只食肉恐龙日常的猎物是什么。

– 如果粪化石上留有种子和果壳，那么便能知道这只食草恐龙一般会食用哪些植物。

– 恐龙的种类不同，所遗留的粪化石的形状和大小也各不相同。古生物学家会根据不同的粪化石来判断恐龙所属的种类，在这一研究过程中，并不一定要在特定的地点找到骨骼化石。

恐龙粪化石

拍卖到 1200 美元的恐龙粪便

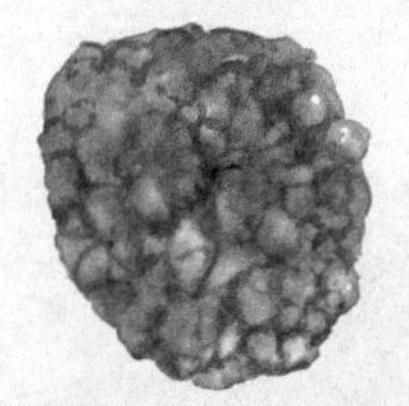
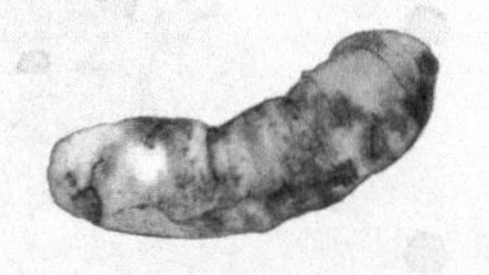

威廉·巴克兰德

英格兰古生物学家威廉·巴克兰德在 19 世纪末首先创造出“粪化石”一词。他对柯克代尔地区一个洞穴中遗留下来的史前巨鬣狗的粪便进行了研究。有趣的是，他在粪便中发现了一种史前动物的骨骼。随后，他把这种动物命名为“大蜥蜴”，这一命名要比科学界将这种动物命名为“恐龙”早得多。也就是说，后人先在几百万年前留存下来的粪便化石中发现了恐龙的骨骼化石，之后才得知了恐龙的存在！

保存完好的化石

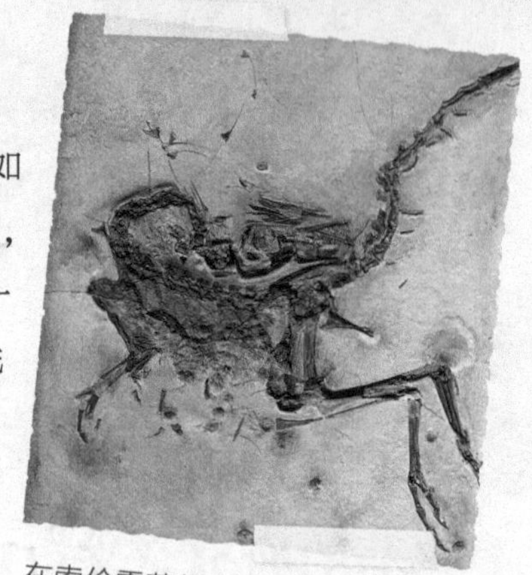

在索伦霍芬州发现的美颌龙化石

有时，由于非常特别的原因，化石能保存得非常完好。比如在侏罗纪时期，今德国索伦霍芬州一带有一片连着浅海的潟湖，该水域的含盐量极高，死在湖底的生物有机体就像被腌制了一样！这些生物有机体保存得格外完整，其中便包括一只美颌龙的完整化石，这副骨架能够让人们对这种恐龙的生活习性一探究竟。

在法国，人们发现了一块保存堪称完美的化石，就连有机体的柔软部分都被保存了下来。在那里，人们还发现了迄今为止最古老的章鱼化石。

在白垩纪时期（距今 1.36 亿年），中国辽宁一带的河流汇成了大片湖区，湍急的水流冲积了大量的淤泥和火山灰。死于这片湖区的动物在沉入湖底后被一层黏土所覆盖。因此，后人得以在这一地带发现大量的鱼类、海龟、青蛙和飞禽的化石，其中还包括翼龙、孔子鸟和尾羽龙等。

西班牙的拉斯奥亚斯化石地层可以追溯到白垩纪（距今 1.2 亿年），其中不仅存有重要的动物化石，还有蕨类和针叶树等重要的植物化石（包括早期的有花植物化石），这些化石证实了中生代植物的演化过程。

沥青和琥珀等自然物质可以减缓生物遗体的分解过程。在极地的永冻层中也可以找到保存完好的生物化石（包括有机体的柔软部位）。

从岩石中发现的驼背昆卡猎龙化石

西班牙古生物学家费尔南多·埃斯卡索（国家远程教育大学）、弗朗西斯科·奥特加（国家远程教育大学）与何塞·路易斯·桑茨（马德里自治大学）正在研究驼背昆卡猎龙化石

有些同类化石的数量非常庞大，古生物学家可以据此较为准确地推断出它们所属的生物种类，同时还能以这些化石为导向进行有针对性的化石挖掘工作，这种化石被称作“标志化石”。例如，三叶虫化石就是一种常见的标志化石。

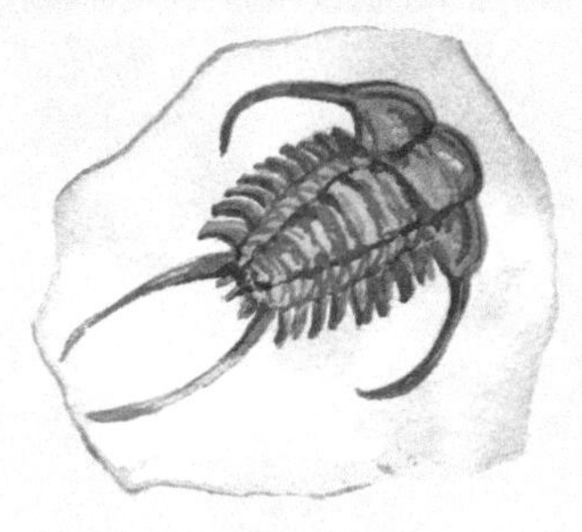

三叶虫化石

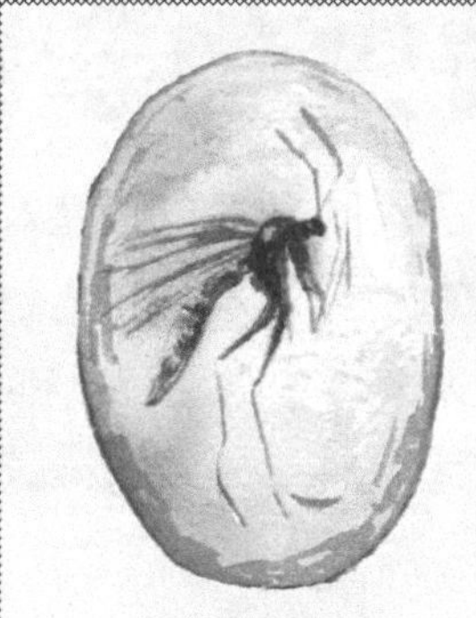

琥珀中的昆虫

琥珀由史前植物的树脂石化形成，是制造珠宝的重要原料，但比起琥珀本身，更重要的是粘留在琥珀内的动植物化石。

有些琥珀包裹着原始的昆虫，这些昆虫基本上是苍蝇和蚊子的祖先；还有些琥珀则包有植物碎片。琥珀在形成过程中会变成半透明的形态，颜色由金黄色逐渐变成浅红色、褐色，最后变成绿色。

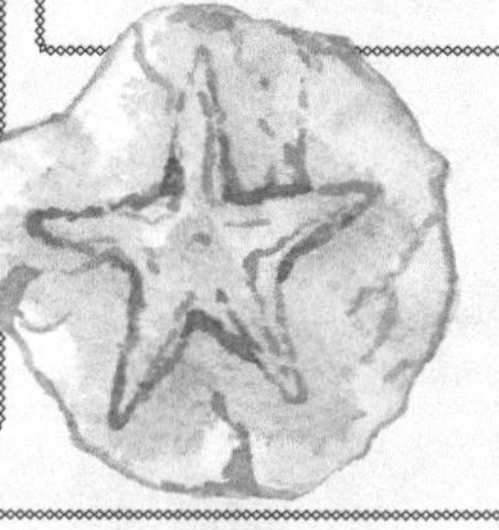

软体动物化石

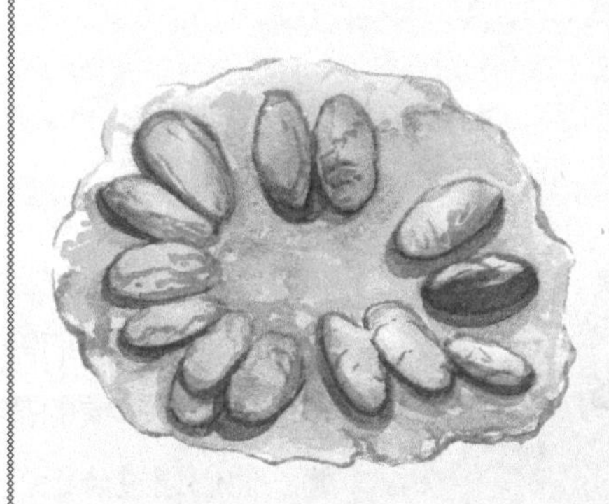

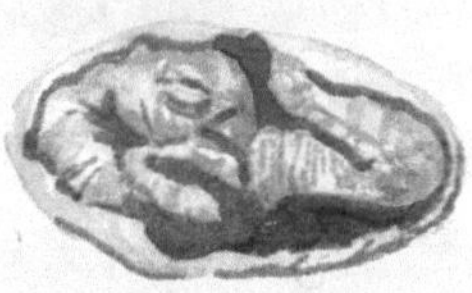

窃蛋龙蛋的化石

蛋化石是非常脆弱的，一场酸雨就足以让它支离破碎！蛋中的生物体发育的程度越高，蛋化石的价值就越高，有些蛋化石里边还有动物胚胎的化石呢！这也让古生物学家了解到了恐龙蛋的形状和恐龙幼体的形态。

我们在西伯利亚的永冻层里可以找到完好无缺的猛犸化石。

一般谈到化石，人们总会最先想到动物化石。然而，植物的树干、树皮、树叶、种子，甚至花朵和果实，也都会形成完整或残缺的化石。通过这些化石，人们可以了解到植物的种类、史前栖息地和生长所处的气候条件等信息。

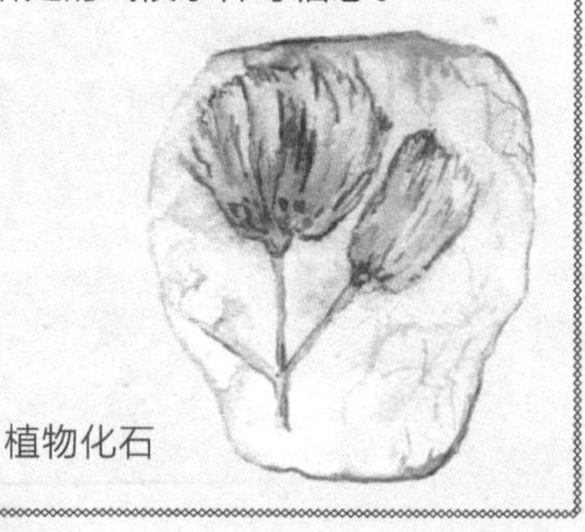

植物化石

活化石

活化石指的是与原始祖先形态非常相似且仍然健在的动植物，这类动植物的演化过程非常缓慢。此外，活化石也指同时代的物种中唯一没有灭绝而存活下来的个体。

古生物学家

古生物学家从事的是最古老的历史研究工作，也就是对地球形成初期的生物的研究。他们所研究的生物大部分都已经灭绝了，甚至与当今的生物没有任何相似之处。对这些生物的研究只能借助化石，但通常这些化石经过亿万年的洗礼已经面目全非，人们很难从中直接了解相关生物的信息。所以，古生物学家需要具备非常宽广的知识面，数学、物理、化学、地质学等要样样精通，还需要掌握计算机和相关仪器的使用技能，因为这些都是工作中必不可少的工具。此外，由于经常要周游世界、采集各地的化石，古生物学家还要具备超强的语言能力，其中最为重要的就是英语。

在寻找化石时，头脑发热的随意挖掘是不可能的。我们需要借助地质学家的帮助，他们通过分析各个地层的成分，可以找到藏有化石概率较高的地带。

生物学家是研究生物的科学家，而专门研究古代生物的生物学家被称作古生物学家。如果所研究的领域局限于古代动物，那么这样的古生物学家被称作古动物学家。

微型古生物学家是指那些研究非常小的、只能通过显微镜才能观察到的化石的古生物学家。在我们的印象里，古生物学家所研究的都是已经灭绝的大型动物，因此人们常常会忽视微型古生物学家的工作！

植物学家专攻的研究领域是植物，那么同理可得，研究史前植物的古生物学家就被称作古植物学家了。在他们中间，有一些是研究花粉和孢子的孢粉学家。

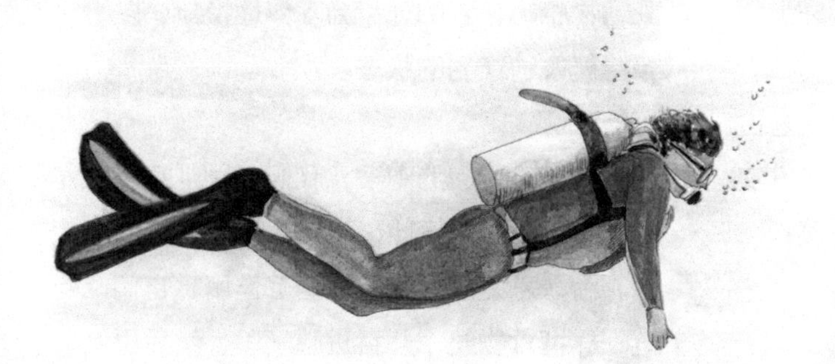

有时为了研究海底地层，古生物学家还会求助于潜水员！

如果古生物学家专攻原始人类的化石研究，那么就需要具备一些人类学知识，这样的古生物学家被称作古人类学家。

还有一些插图绘画家，他们可以根据准确的科学指引，通过手绘或借助计算机画出史前已灭绝动物的图像。这些画家被称作古生物艺术家。

如何判断化石的年代

古生物学家有多种方法来鉴定化石的年代。借助地层学，古生物学家可以通过计算地层的年代来确定化石的年代：化石所处的地层越深，年代就越久远；反之，所处的地层越浅，化石就越年轻。

此外，放射性碳定年法可用于测定含碳有机物质的年代。通过检测化石中碳 -14 的放射性强度，并与现代同类生物中碳 -14 的放射性强度进行比较，可以较精确地判断出六七万年前化石所处的年代。

还有一种科学检测系统可以勘测出特定地点最后一次曝露在阳光下的年代。这种方法可以探测出超过 10 万年前的化石所处的年代。

龇牙咧嘴的……微笑

有时候，古生物学家只能找到史前生物的……牙齿！小小的牙齿看似微不足道，却蕴藏着很大的学问！我们可以从牙齿中获得很多重要的信息！

之所以比较容易找到牙齿，是因为它是古生物有机体中受时间影响最小的骨骼。事实上，古生物的牙齿上有 3 层矿物质保护层：

- 牙骨质是牙齿的根基；
- 齿质是牙齿的内部组成部分；
- 牙釉质是牙齿最外层的部分，是生物体中最坚硬的物质之一。

恐龙的牙齿之所以相对比较容易发现，是因为与一生只换一次牙（从幼年到成年）的哺乳动物相比，它的牙齿会不停地换新，以始终保持健康、锋利的状态。

通过对牙齿的观察，我们可以判断出恐龙的主要食物，还可以了解恐龙罹患过哪些疾病。有些恐龙的牙齿只有防卫作用，它们像鳄鱼一样把食物整个儿吞进肚子里，然后再借助吞入的一些石头来磨碎食物，促进肠胃消化。

最可怕的牙齿是兽脚亚目恐龙的牙齿，牙齿的牙根很宽，锋利的牙尖呈弯曲状，这样的牙齿被镶嵌在肌肉发达的下颚上，可以对猎物造成致命的咬伤，还可以穿透肉皮咬断骨头。尽管这些牙齿也会因为咬力过大而被硌碎，但新牙齿会及时地长出来。

猛禽、猫科动物和鬣狗在食用捕来的猎物时，会将猎物的皮毛、骨骼、羽毛、指甲这些无法消化的部分吐出来，这样才不至于影响胃部的消化。这个话题是不是有点重口味？

古生物学家有时也会对这些呕吐物的化石产生兴趣，他们能据此推断出动物不吃什么！

腔骨龙在呕吐废物

排列整齐的无尖牙齿

鸟脚亚目恐龙的咀嚼系统非常发达，它的牙齿呈多边形，排列整齐，横（用于咀嚼）纵（用于咬）都可以移动。

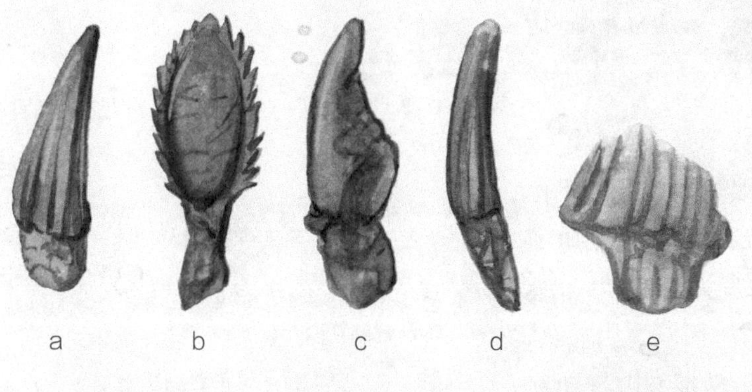

不同恐龙的牙齿：a—畸齿龙；b—板龙；c—迷惑龙；
d—梁龙；e—剑龙

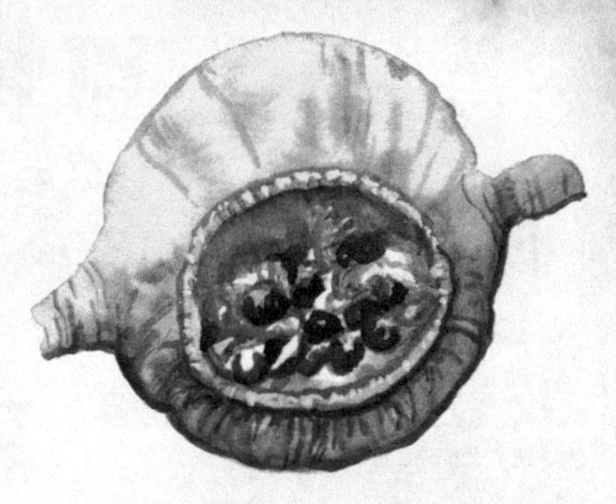

迷惑龙的胃中含有胃石，可以将
枝叶和松果等食物碾碎消化

蜥脚类恐龙拥有不同形状的牙齿：有些恐龙长着铲子形的牙齿，有些长着勺状牙齿，还有些长着圆柱形的牙齿。之所以有这么多形状，是因为这些恐龙的食物各不相同。持续地咀嚼植物也会给食草恐龙的牙齿带来损伤：古生物学家通过电子显微镜可以观察到蜥脚类恐龙牙齿化石上的磨痕。

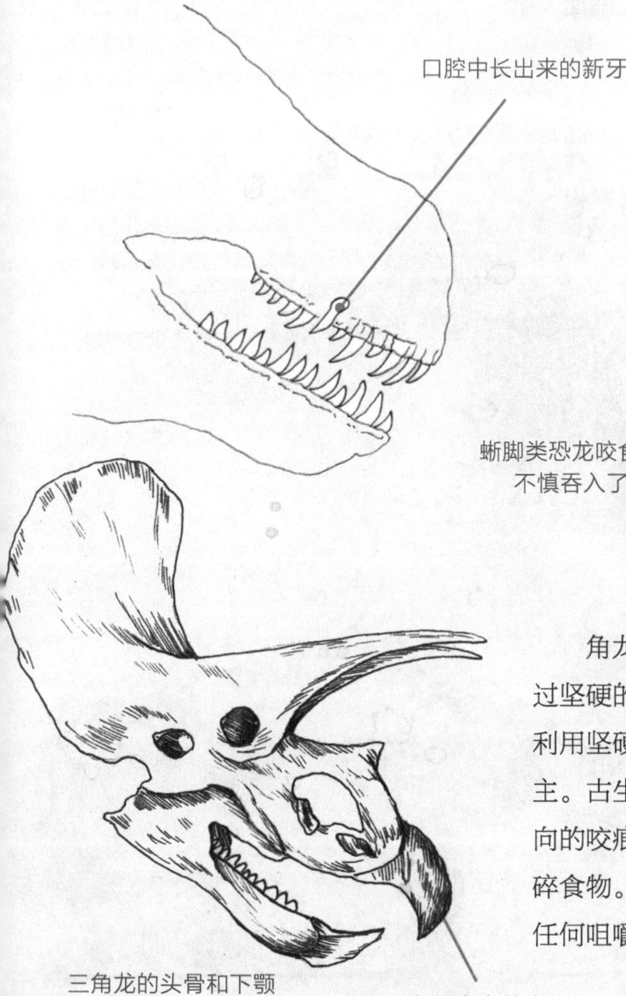

蜥脚类恐龙咬食植物时
不慎吞入了石子

角龙的牙齿是演化最慢的，不过，这类恐龙还可以通过坚硬的角质喙来取食。盾甲龙也没有发达的牙齿，也是利用坚硬的角质喙来摄取食物，食物主要以鲜嫩的植物为主。古生物学家观察到，这种恐龙的牙齿化石上留下了纵向的咬痕，牙齿的边缘比较尖锐，这样的构造并不适合咬碎食物。因此，古生物学家推测，这种恐龙可能没有经过任何咀嚼，将植物叶子直接吞进了肚子里！

三角龙的头骨和下颚

可怜天下父母心

1979年，著名古生物学家杰克·霍纳发现了一个食草恐龙的窝，窝里有很多蛋化石，还有一些幼年恐龙的化石，于是，他决定把这种恐龙命名为“慈母龙”。“慈母龙”的英文单词为Maiasaura，意为“好妈妈蜥蜴”。

在那之前，古生物学家认为恐龙像很多爬行动物一样，对自己的幼崽没有任何关怀，只会把蛋埋在地下，顶多是把蛋储存起来，之后就放任不管了。事实上，霍纳的发现告诉我们：恐龙在破壳而出时并不能完全自主地生活，它们的骨骼不足以支撑沉重的头部，这意味着小恐龙需要爸爸妈妈的照顾，直到它们的骨架坚硬到足以支撑起整个躯体。此外，古生物学家还在蒙古国发现了一个7500万年前的恐龙窝，里面有15只约一周岁的原角龙的化石。这种恐龙也是食草类恐龙，与三角龙同属鸟臀目。这一发现证明：恐龙对幼崽的照顾时间是很长的，所有的幼崽在窝里

共同成长，恐龙妈妈会为它们准备所需的食物。

一般的恐龙窝是由沙子堆成的，上面覆盖的树叶起到保温作用。不过据推测，一些更为复杂的恐龙窝也可能存在。

同样是在蒙古国，古生物学家还发现了一副在孵蛋的葬火龙骨架化石。这种恐龙属于窃蛋龙科，与澳洲的鸵鸟非常相似，葬火龙化石张开翅膀在窝里孵蛋的样子与现代的母鸡没什么不同。古生物学家将这副恐龙骨架化石命名为“大妈妈”。据推测，这种恐龙很可能长有羽毛，在孵蛋时能够保温。恐龙蛋并不都是一样的，它们有大有小，有些呈圆形，有些呈椭圆形，有些蛋的两端呈尖状，有些蛋的壳上还有波浪花纹。

很久以前，一只小慈母龙与妈妈生活在一起。一天，它对妈妈说：“我想变得与众不同，如果我是一只霸王龙，就可以用锋利的牙齿大咬一番啦！”妈妈说：“如果你是一只霸王龙，你还怎么用那么小的爪子拥抱我呢？”“那我就变成迷惑龙，”小恐龙接着说，“这样我就有长脖子了，可以俯瞰大树。”

“如果你是迷惑龙，”妈妈说道，“脑袋在大树上，还怎么听得到我对你说‘我爱你’呢？我亲爱的小宝宝，你的特别之处到底在哪儿呢？是利牙？长脖子？还是尖角？你与其他恐龙的不同之处在于，你有一位永远在你身边爱你的妈妈。”

（选自《闪电侠第二季》出现的《逃跑的恐龙》一书中的情节）

葬火龙在孵蛋

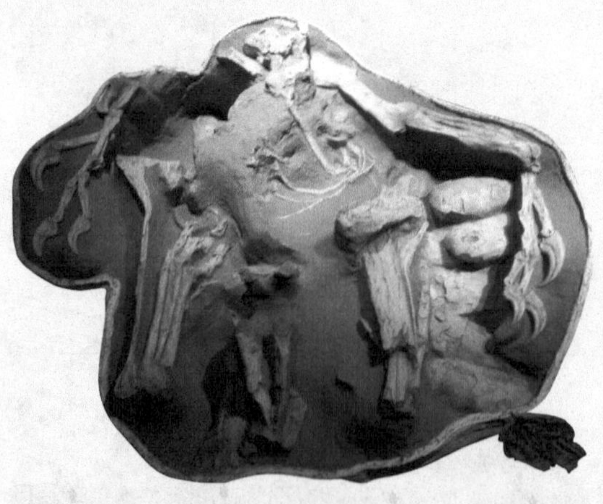

恐龙蛋化石

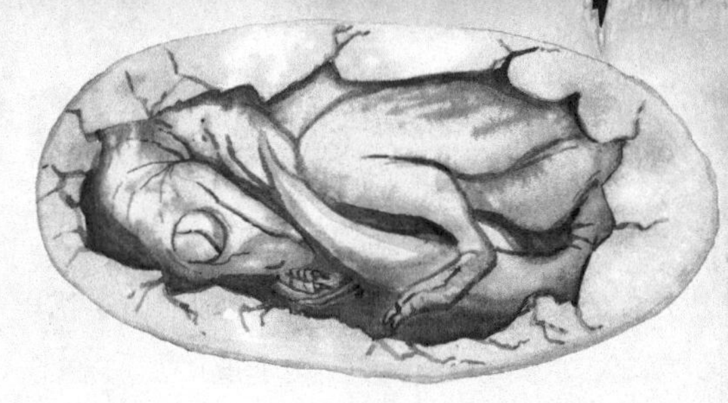
慈母龙胚胎化石

恐龙蛋非常脆弱，很容易被踩碎或打碎，慈母龙的蛋窝尤其容易被擅长偷蛋的恐龙洗劫。1924 年，古生物学家在一枚恐龙蛋里发现了小窃蛋龙的化石，由于发现的地点就在一个恐龙蛋窝的附近，古生物学家立刻推断出这是一种靠偷蛋为生的动物。事实上，随着之后研究的深入，古生物学家逐渐发现，那只窃蛋龙化石旁边的蛋窝就是这只窃蛋龙自己的窝！因此，那只窃蛋龙并不是在偷蛋，而是在孵化和保护自己的蛋！

鸡蛋

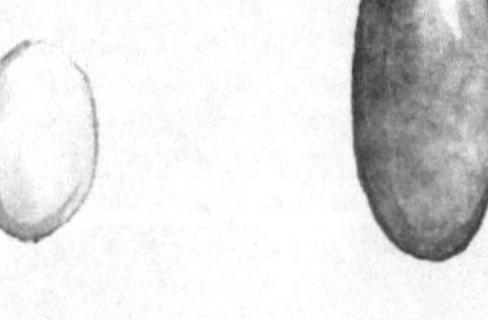
原角龙蛋

伶盗龙蛋

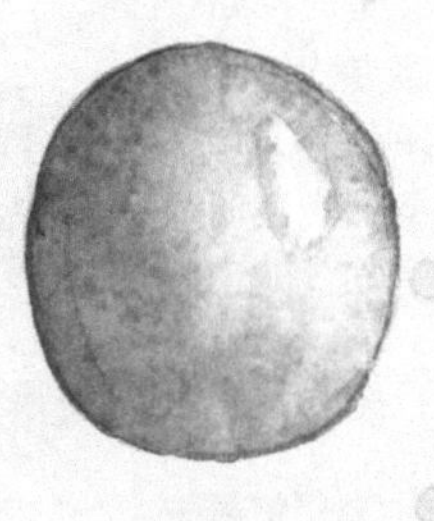
蜥脚类恐龙蛋

高桥龙蛋

恐龙窝化石

恐龙窝化石主要集中在美国、法国和印度等地。这些化石基本上可以追溯到白垩纪上叶。恐龙蛋大多呈球状，直径不超过 30 厘米。蜥脚类恐龙蛋大部分呈球状，兽脚类恐龙蛋呈椭圆形。蛋壳由矿物质组成，表面上有很多透气小孔。由于很多蛋在幼体还没完全发育时就变成了化石，因此人们很难辨别蛋中恐龙的种类。

恐龙种类不同，恐龙窝也不尽相同。比如，窃蛋龙会在沙地上刨出几个坑，然后在里边把蛋放成一圈。窃蛋龙的蛋类似于鸟类的蛋，呈圆柱形，两头略圆，蛋壳坚硬。

窃蛋龙存放蛋的方式

泰坦巨龙存放蛋的方式

有些恐龙窝的构造井然有序，有些则杂乱无章。古生物学家认为，双足行走的恐龙搭的窝比较整洁，因为它们可以用上肢灵活地搬运蛋，而四足行走的恐龙搭的窝就比较凌乱了。

重要的化石发掘地

历史学家用不同的时期来划分时间。古生物学家也用不同的时期来命名地质年代。

宙：宙是一个非常宽泛的地质年代单位。地球现在已经经历了 4 个宙（跨度为 5 亿年到 20 亿年）。每一个宙又分为不同的代。

代：代一般是指两次物种大灭绝之间的时期（跨度一般为上亿年）。代又分为不同的纪。

纪：纪指的是地层系统形成的时间（跨度为 2200 万年到 8000 万年）。纪又分为不同的世。

世：世指的是化石经过重要变化的时期（跨度为上百万年）。世又分为不同的期。

莱姆里吉斯

莱姆里吉斯位于英格兰南部，是一片黏土片岩焦地。几个世纪以来，这一区域的地表上经常能够发现化石，因此，早在 1800 年，该地就聚集了大批的猎奇者。人们在这一带发现了很多侏罗纪时期的海底动物化石，如鱼龙和蛇颈龙的化石等。

索伦霍芬

索伦霍芬位于德国，很久以前，这里曾是一片热带海洋，水位很低，被许多小岛所环绕。这一区域的石灰层中保存着很多非常脆弱的鱼类化石，此外，还有第一副始祖鸟骨架的化石。

梅塞尔

梅塞尔化石坑同样位于德国，存有众多原始哺乳动物的化石，包括负鼠、蝙蝠、啮齿动物、马和灵长目动物等的化石，此外，还有爬行动物和昆虫的化石。

奥杜瓦伊

奥杜瓦伊位于坦桑尼亚，是古人类化石的重要发掘地（包括南方古猿和能人的化石），除此之外，还存有原始大象、斑马、羚羊和河马等哺乳动物的化石。

卡鲁

位于南非的卡鲁盆地拥有大量化石，年代横跨二叠纪与侏罗纪。

埃迪卡拉

埃迪卡拉是一片位于澳大利亚的丘陵地带，在前寒武纪时期，这里曾是一片海底地带，至今仍然存有非常古老的化石，包括第一批复杂生物体的化石，这些化石的形态与水母、海绵动物、沙蚕（俗称海虫）和肢口纲动物相似。澳大利亚昆士兰州的里弗斯利也是重要的化石发掘地，自 1900 年起，古生物学家就在该地发掘出大量的第三纪末期的化石，包括原始有袋类动物、鳄鱼、蛇和没有飞行能力的巨大鸟类的化石。

期：一般来讲，化石是在高等生物的变化期形成的（需要 200 万 ~1000 万年）。在这一时期，有一些种群会消失，同时也可能会出现新的种群。

区域：有一些特定的小区域会形成独一无二的化石，这些化石叫作“标志化石”。

标志化石来自短期迅速演化并在特定地理区域大面积扩散的生物。菊石、腕足动物和三叶虫是古生物学家研究较多的标志化石，因为这些动物很容易在岩石中找到，同时，根据演化特征可以确定它们生前所处的地质年代。三叶虫化石主要被看作寒武纪的标志，笔石化石是奥陶纪和志留纪的标志，菊石和箭石化石则是侏罗纪和白垩纪的标志。

著名的化石遗址

化石隐藏在世界各地，相对来讲，沙地、冰川和沥青地带的化石更容易被发现，且保存得比较完好。

月亮谷

月亮谷位于阿根廷，存有最古老的恐龙化石，包括始盗龙和埃雷拉龙两种兽脚亚目恐龙的化石。

科摩崖

美国人在 1870 年建造太平洋铁路时，在科摩崖地带发现了侏罗纪时期迷惑龙、梁龙和圆顶龙等多种蜥脚亚目恐龙的化石。在科摩崖附近，美国自然历史博物馆的专家们还发现了另一片名为“骨舱采石场”的化石地。

拉布雷亚沥青坑

拉布雷亚沥青坑位于美国加利福尼亚州的洛杉矶附近，存有冰河时期的猛犸、剑齿虎、犬科动物、昆虫和蛙类等多种动物的化石。这些动物当时被困在了巨大的液态煤焦油坑中，随后，煤焦油结成了岩石。

火焰崖

火焰崖遗址位于蒙古国的戈壁沙漠。20 世纪 20 年代，发现者罗伊·查普曼·安德鲁斯在这里发现了窃蛋龙、伶盗龙和原角龙等白垩纪恐龙的化石。

西伯利亚

西伯利亚北部被永冻层覆盖，在冰层中，人们发现了猛犸等大型动物的化石。这些化石有这样的特点：除了骨骼和牙齿，生物体的柔软部位也都被完整地保存了下来。

克利夫兰 – 劳埃德

克利夫兰 – 劳埃德恐龙采石场发现于 1927 年，这里存有大量侏罗纪时期的恐龙化石。这一带可能是由一个巨大的泥坑形成的，坑中存有大量食草动物的化石。据分析，这里曾经是一片湖泊，也是很多食草动物的水源。随后，附近发生了火山爆发，火山灰填满了湖泊，形成了泥坑，来找水喝的食草动物随即掉入泥坑陷阱，挣扎越猛烈，陷得越深。这些食草动物也吸引来很多食肉动物，后者也随之掉进了泥坑。迄今为止，在这一遗址人们已发现了 40 多副异特龙骨架的化石，除此之外，还有角鼻龙、剑龙、重龙和圆顶龙的化石。

化石挖掘

一旦确定了化石的具体位置，古生物学家就要安排挖掘工作了。挖掘工作并不简单，不仅需要资金支持（人力和设备开销），还要得到挖掘地所在国家的授权。

在这之后，就要对挖掘地带进行调查研究了。古生物学家首先要绘制地图，对挖掘工作进行一番规划，挖掘地图上的每一平方米都要做上标记，这样可以精确标注挖掘点。

挖掘工作有时需要依靠挖掘机来完成，有时则要依靠人力并借助专用的挖掘工具。一旦挖到化石，古生物学家便会小心翼翼地对其进行处理，以免损坏。在挖掘过程中，古生物学家精神高度集中，化石出土后，他们会用小刷子刷掉化石上的浮土。

出土后的化石会被记入名册，随后，古生物学家会在地图上标出它们的出土位置。

此外，为了更好地保存化石，古生物学家会用液体胶水将化石固定，以防气候变化对化石造成侵蚀。固定后的化石会被转移到实验室里进行研究。

有些化石的体积较大，这个时候就需要用特殊的工具进行运输，同时还要在化石上盖上铝、石膏等保护膜，以防化石损坏。

送入实验室后的化石还需要进行一次清洁，然后才能进行修复。研究完毕后，化石正式进入博物馆收藏。

如何发现化石？

化石地并不容易找到，古生物学家只能根据地形和地貌来进行判断，即便找到化石地，也不一定就能挖到化石！

很多时候，恐龙化石的发现都很偶然。比如 1887 年，比利时贝尼萨尔镇的矿工们在挖煤的时候幸运地挖到了 40 块禽龙的化石！

发现恐龙化石和脚印后该怎么办？

了解了这么多关于化石发掘的知识，诸位可能也开始摩拳擦掌了吧。不过，最好还是不要擅自去挖，因为即便挖出了化石，还要处理化石周围的岩石和微生物遗迹，这些东西也是古生物学家研究的范畴，能够帮助他们获得更多的信息！保险起见，发现化石后，最好还是第一时间联系博物馆的古生物学家或当地政府。另外，还有一点要记住：私藏化石可是犯法的哦！

足迹

有时候，古生物学家虽然找不到动物遗体的化石，却往往能发现它们的脚印（属于遗迹化石中的足迹化石）。尽管这些蛛丝马迹看似微不足道，但通过研究，古生物学家可以推测出动物的体形、运动方式和生活习性。这种专攻足迹化石的科学叫作古生物足迹学，从事相关研究的古生物学家便被称作古生物足迹学家。

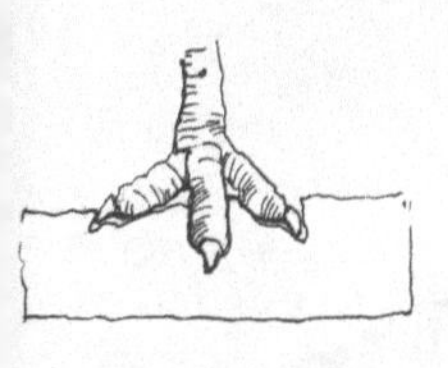
恐龙在柔软地带行走

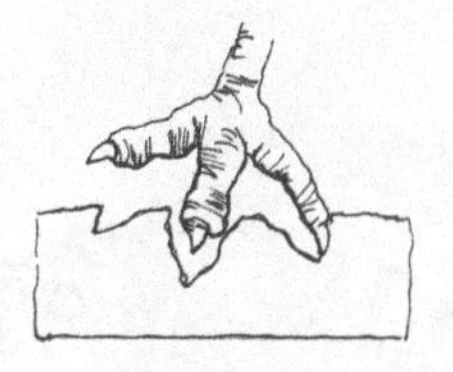
爪子留下足迹

足迹保存在地层里

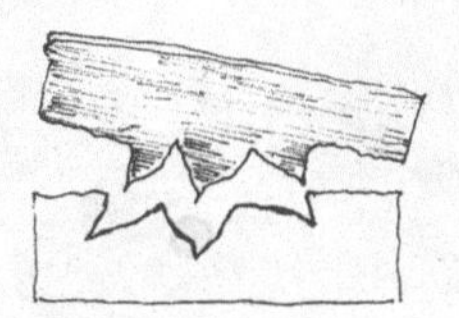
地层被侵蚀后，足迹会曝露出来

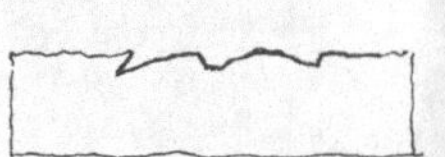
侵蚀继续，破坏足迹化石

经过几百万年的岁月，这些古老的足迹为什么还能留存至今呢？恐龙很可能是在沙地、泥地、黏土地等较柔软的地带留下了足迹，这些足迹随后在空气中凝固。不过，要长久保存下来，足迹的表面还需要其他保护性的材料覆盖。最后，凝固后的足迹会变成坚硬的岩石，成为我们今天看到的样子。

只有保护材料遭到侵蚀，岩石状态的足迹才会被发现。

遗憾的是，我们的古生物学家总要和时间赛跑，他们往往赶不上保护层消失的那一瞬间，还没等发现足迹，离开保护层的足迹就已经被侵蚀得面目全非了。

从地面上移除足迹也是一件比较费工夫的事情，因此，古生物学家往往选择将足迹留在原处。

从足迹化石上能够获得多少信息呢？从一个足迹到另一个足迹的距离可以推测出动物行走的步长，这样我们便能推算出动物的身高。

1976 年，古生物学家亚历山大·麦克尼尔通过足迹的间距，推算出了恐龙行走的速度。

多种恐龙的足迹

角足类恐龙的足迹很宽大，大部分由 3 个指向中间的脚趾组成。禽龙和鸭嘴龙的足迹也比较宽大，偏圆形。

窃蛋龙等兽脚类恐龙的足迹比较细长，3 个脚趾的趾甲盖和趾尖都清晰可见。甲龙的足迹有两种：4 个脚趾的是前爪的足迹，5 个脚趾的是后爪的足迹。迷惑龙的足迹也有两种：前爪的足迹呈半月形，上面也有趾甲盖的痕迹；后爪的足迹由 5 个向外翻的脚趾组成。

新生代

新生代（英语单词“Cenozoic”来自希腊语，意为“新生命”）是指恐龙大灭绝之后的时代。这一时代被划分为 3 个阶段，分别是古近纪、新近纪和第四纪。

古近纪被划分为古新世、始新世和渐新世：在这一时期，哺乳动物和鸟类的栖息范围大幅扩张，大量新生物种不断涌现，它们占领了之前恐龙的生态位。新近纪被划分为中新世和上新世：在这一时期，随着草原面积的扩大，大型食草哺乳动物的数量不断增加。第四纪被划分为更新世和全新世：在这一时期，动植物的种类和它们如今的形态别无两样。

古近纪（6600 万年~2300 万年前）

古新世 – 始新世 – 渐新世

古近纪标志着哺乳动物时代的开始。事实上，在恐龙灭绝后，地球就已经被很多种鸟类和哺乳动物占领。这一时期地球的温度开始升高，降雨频繁，热带雨林和沼泽地是常见的地貌。在古近纪末期，地球的温度开始降低，南极形成了大面积的冰川，海平面降低。温带地区的热带雨林被针叶树和落叶树丛林所取代，到了冬季，落叶树木的叶子会掉落。

古近纪（落叶树丛林）

古近纪（热带雨林）

这一时期演化出了中、小型哺乳动物，其中既有食肉动物，又有食草动物。恐龙时代的大型捕猎恐龙被冠恐鸟等不能飞行的大型鸟类所取代，而在沼泽地带则栖息着小型两栖动物，除此之外，仍有鳄鱼和蜥蜴等大型动物出没。

古近纪（沼泽地）

新近纪（2300万年~258万年前）

中新世-上新世

在新近纪，哺乳动物进行了快速的演化。南极渐渐被冰川覆盖，地表温度随之降低，热带雨林变成了草原，同时，北极冰天雪地的环境也逐渐形成。草原上生活着马、骆驼、大象和羚羊等动物。大型食草动物的发展也导致了大型食肉动物的出现。海洋里则出现了各种鱼类，还有类似于现代鲸的生物。此外，部分灵长目动物则演化成了类人猿。

新近纪（南极）

新近纪（草原）

第四纪（258 万年前至今）

更新世 - 全新世

第四纪涵盖了我们今天生活的时代，因此动植物的种类和我们今天看到的一样，有些生物还经历了冰河时期，却没能幸存下来。更新世也被称为冰川世，这一时期，北半球大部分都被冰川所覆盖。冰川世中有 4 个转暖的时期。上一个冰河时期出现在约 1.8 万年前，这一时期很多物种不幸灭绝，部分物种（特别是爬行动物）只能在热带雨林中生活，其他的动物则长出了厚厚的皮毛。最后需要指出的是，在这一时期演化出了包括尼安德特人和智人在内的古人类！

新生物时期

第四纪

恐龙出现前的无脊椎动物

最早的单细胞动物演化成了多细胞动物，而无脊椎动物正是由多细胞动物演化而来的。第一批原始无脊椎动物的躯体没有任何对称性，不过位于躯体各处的细胞则各司其职，具有不同的功能。在寒武纪早期演化出了脊椎动物，这些动物拥有坚硬的躯体和外骨骼，在这一时期演化最完全的动物拥有轴对称的躯体。

三叶虫

三叶虫是鱼类出现之前生活在大海中的动物。它们属于节肢动物，是现代螃蟹和昆虫的远亲。之所以叫“三叶虫”，是因为两条裂缝将它的身体分成了3个部分，就像3片叶子一样。

三叶虫在海底生活，有时也会在海底游动。它的身体长60~70厘米，分为头部、胸部和尾部。它的头部长有脸颊和眼睛；胸部分为不同的部分，每部分包含一对触手。

三叶虫是第一种拥有眼睛的动物，它的眼睛类似于现代昆虫的复眼，由呈六角形的单眼构成。当它在水下活动时，这种眼睛提供了非常复杂的影像。

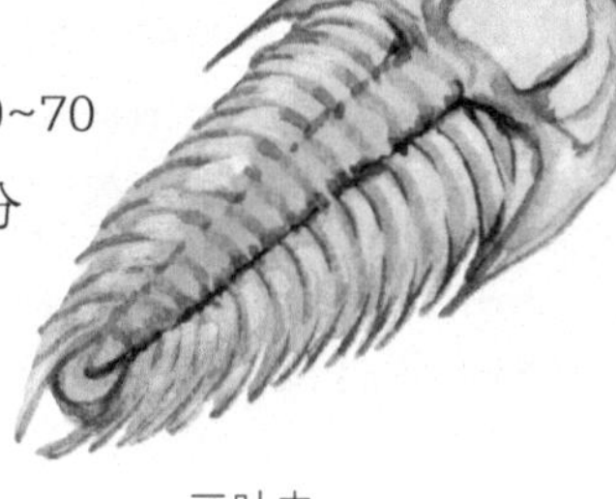

三叶虫

大海中的蝎子

板足鲎

板足鲎是迄今为止最大的节肢动物，如果要把它的形态与现代动物作对比，那么可以说它与蜘蛛和蝎子是同一类动物。这些“大海中的蝎子”也长有复眼：两只较大的侧眼和两只较小的单眼。

4亿多年前，翼肢鲎的身长甚至可能超过一个人的身高！这种动物生活在古生代的二叠纪，栖息于水下。据分析，它应该是一种非常可怕的捕食者，因为它不仅具备庞大的身躯，而且前胸上还长着两个巨大的脚爪。它依靠4对爪子爬行，除此之外，胸部后侧还长着一对类似船桨的爪子用来划水。

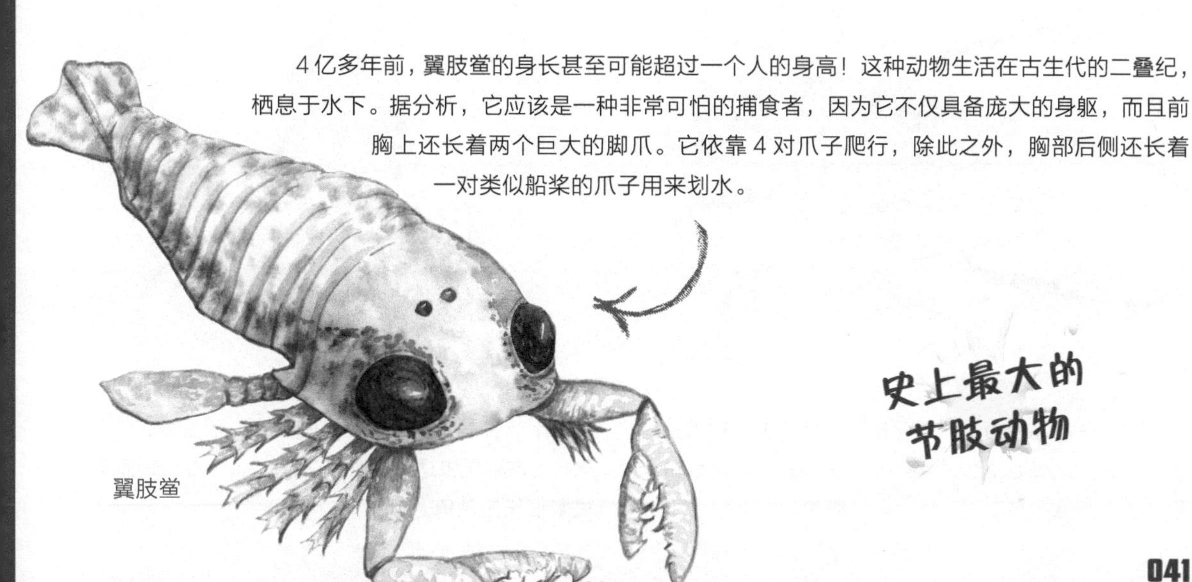

翼肢鲎

史上最大的节肢动物

昆 虫

泥盆纪时期的昆虫都是小型节肢无翅昆虫。在石炭纪，昆虫演化出了翅膀，成了一种前所未有的新生物。

有了飞行技能后，昆虫们在觅食、逃生和求偶等多个方面都获得了更大的便利。同时，昆虫们开始了群居生活。在二叠纪时期，白蚁就已经开始群居，群体中的每一个个体都会为整个群体的生存而劳作。

在白垩纪时期，地球上出现了第一批有花植物，很多昆虫因此演化成了传粉昆虫。昆虫在采完花蜜后将花粉传给其他的花朵，以示报答。

巨脉蜻蜓无疑是一种比较常见的原始昆虫，这种大型蜻蜓的翅膀长达 70 厘米！事实上，这种昆虫是由一种捕食性动物演化而来的！巨脉蜻蜓靠它那双大大的眼睛来定位猎物，捕食其他飞虫。它可以在空中自如地飞行，甚至还能在空中狼吞虎咽地吃掉猎物！

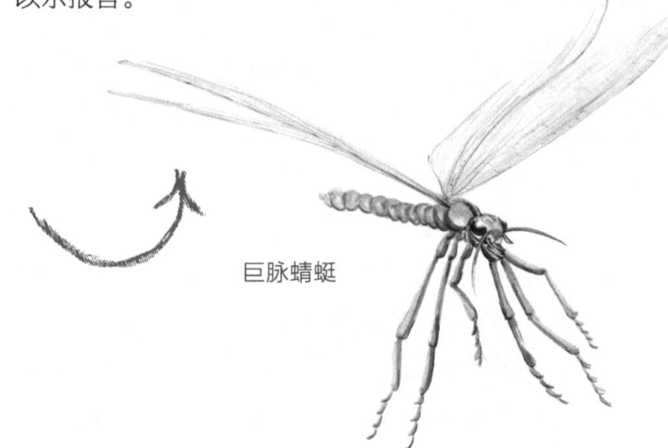
巨脉蜻蜓

地球上有史以来最大的昆虫之一

蟑螂和鞘翅目昆虫

蟑螂和鞘翅目昆虫也是一种很常见的原始昆虫。与现代昆虫类似的是，它们也长着坚硬的外壳、长长的触角和可折叠的翅膀。这些昆虫真的可以称作“垃圾昆虫”了，因为它们基本上什么都吃。

水龟虫是迄今为止仍然存在的一种昆虫，它的拉丁语属名“*Hydrophilus*”意为“水的朋友”。水龟虫格外喜欢沼泽地等潮湿环境，以虫卵和幼虫为食。

始节虫是一种长有翅膀的蟑螂，但翅膀并非用来飞行。这种昆虫适应了欧美的沼泽地环境，头部很大，长着很长的触角。

菊石与箭石

菊石是一种扁平的卷状带壳生物。它的拉丁学名“*Ammonitida*”（菊石目）来自于埃及太阳神阿蒙的名字，阿蒙长着公羊头，头上的犄角交错卷曲，与菊石的形态非常相似。菊石化石被视为一种优等化石，因为它经常被当作古生物科学的标志，这种化石常常镶嵌在岩石中。过去，人们还不知道菊石为何物，出于好奇和美观的考虑，人们常将嵌入了菊石的石头当作建筑材料。在中世纪，人们认为菊石化石是石化了的卷曲的蛇。

箭石是一种长锥形的带壳生物，它的拉丁学名“*Belemnitida*”（箭石目）来自希腊语“Belemnon”，意为“标枪”。箭石属于头足类生物，现代的头足类生物包括章鱼、鹦鹉螺和鱿鱼等。箭石的壳里藏着很多带钩的触手，用来捕食海底移动能力较差的猎物。它的下颚带尖。在移动时，箭石会先吸很多水到体内，然后靠排出水产生的推力向前移动。

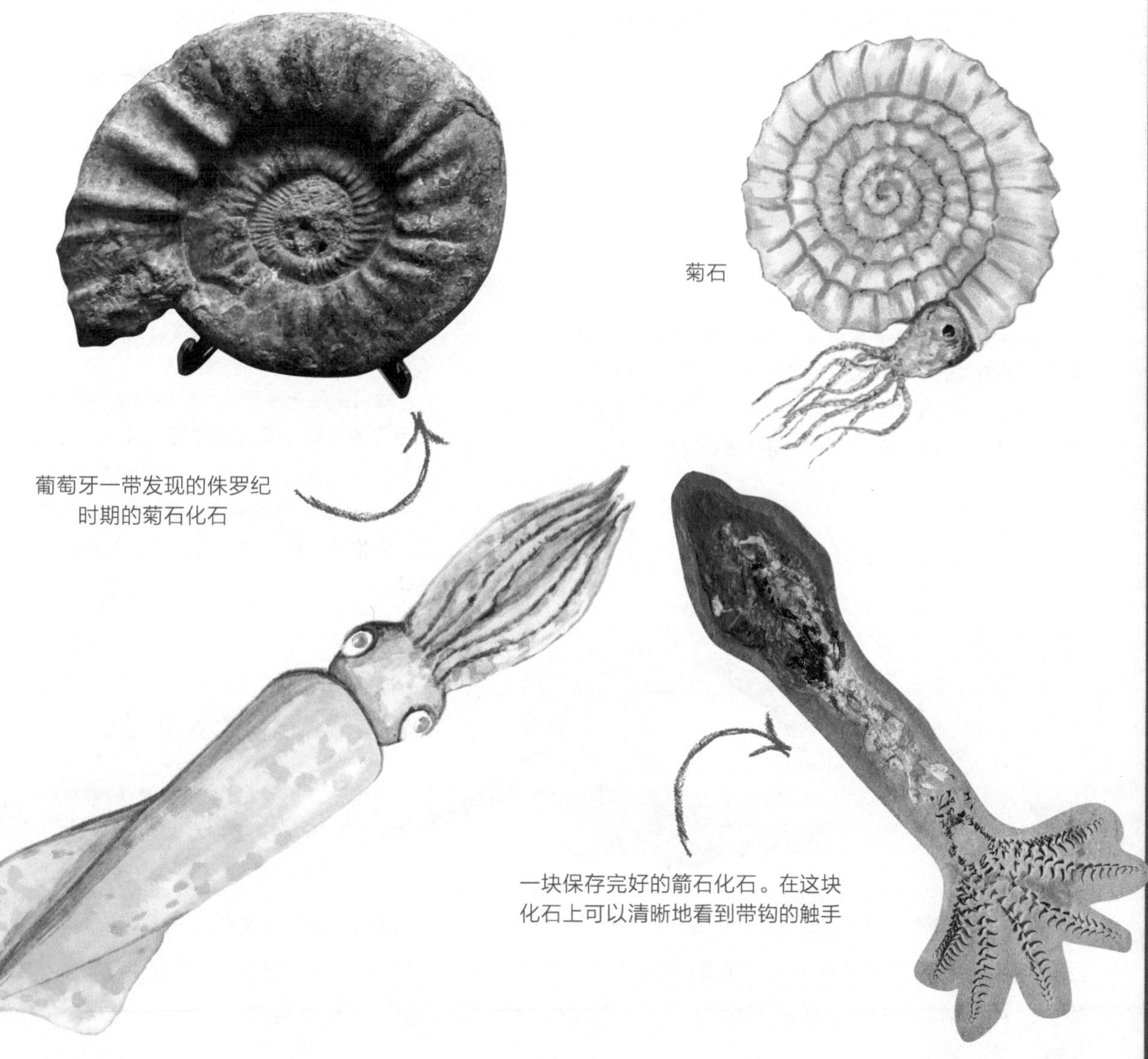

菊石

葡萄牙一带发现的侏罗纪时期的菊石化石

一块保存完好的箭石化石。在这块化石上可以清晰地看到带钩的触手

恐龙出现前的脊椎动物

泥盆纪时期是鱼类的重要演化期，因此，这一时期也被称作“鱼类的时代”。泥盆纪的英文名“Devonian”来源于英国德文郡的英文名字“Devon”，古生物学家在当地的岩石表面上经常能发现这一时期的化石。泥盆纪时期，地球的温度很高，没有冰川，主要的生物都是从水中演化而来的，水中的鱼类开始显著增多，三叶虫的数量则逐渐减少。陆地上主要演化的生物是昆虫。在泥盆纪末期也爆发了类似白垩纪恐龙大灭绝的事件，60％的生物都消亡了。古生物学家认为，导致这次生物大灭绝的是一颗与地球相撞的小行星。

原始鱼类

介于无脊椎动物和有脊椎动物之间的鱼类

在前寒武纪和寒武纪时期，鱼类经历了重要的演化过程。在奥陶纪时期，有些动物已经演化出了两侧对称的体形，它们拥有一个支撑身体的棒状结构，古动物学家将其命名为“脊索”。

脊索是内部骨骼的原始形态。此外，这些动物拥有大脑、鳃和用来移动鳍的肌肉，因此，这些动物可以被划分到原始鱼类的范畴。

靴头海果是一种非常奇特的动物：古动物学家也把它看作原始鱼类的一种，因为除了身体上长有可以过滤食物的缝隙外，它的尾部还拥有脊索。不过，靴头海果事实上是一种类似于海胆的棘皮动物，身体被钙化板覆盖。

海口虫是一种寒武纪早期的鱼形动物，在今天的中国云南省被发现。这种动物既没有骨头，也没有可以活动的上颚，身长20~30毫米，拥有头部、鳃、大脑和脊髓等。据推测，这种动物可能还长有原始的尾鳍。

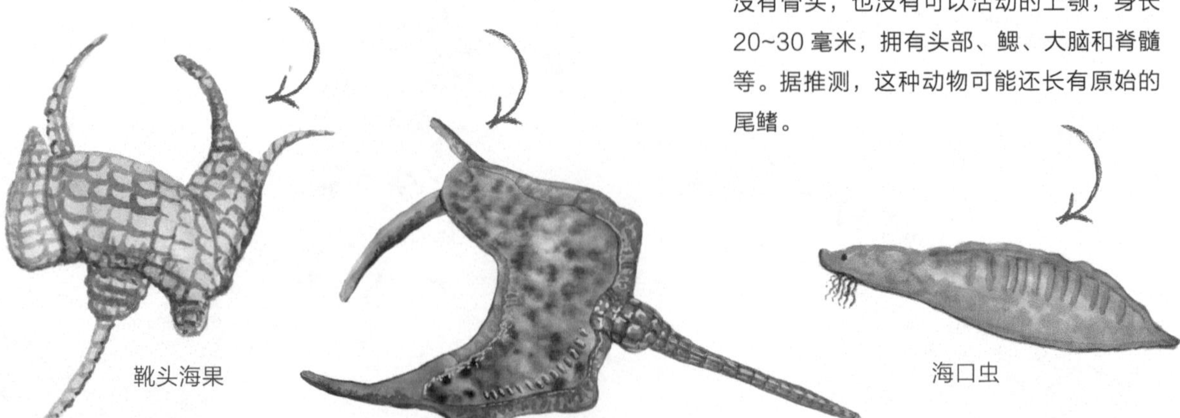

靴头海果

海口虫

古动物学家认为，头索动物也是一种原始的鱼类，因为这种动物也拥有脊髓，脊髓前部还有部分突起，古动物学家将其定义为原始形态的头盖骨。在随后的时代里，地球上演化出了脊椎动物，这种动物有脊柱来保护脊骨中的骨髓，还拥有一个脱离了躯干的独立头部。

没有下巴和牙齿的鱼类

无颌鱼类

无颌鱼类即没有下巴的鱼，是鱼类的早期形态。这种动物类似于今天的圆口鱼和盲鳗，像鳗鱼一样寄生在其他海底动物身上，吸其血液，食其肉体。

原始的无颌动物身长数十厘米到 1 米不等，形态类似于蝌蚪，只有尾巴可以活动，没有鱼鳍。它们的嘴部由于没有下巴，所以一直是张开的状态。

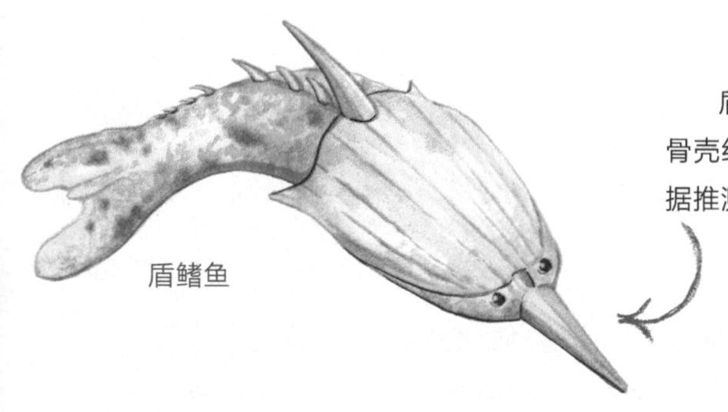
盾鳍鱼

盾鳍鱼的头部呈尖状，嘴部由一块吻骨和两块翅膀状的长骨壳组成。这种鱼类也没有下巴，嘴巴总是张开着，不能闭合。据推测，这种鱼靠在游动的过程中吞食小虾为食。

莎卡班坝鱼

莎卡班坝鱼是一种形似蝌蚪的鱼类，生活年代距今 4.5 亿年。这种鱼依靠尾部游动，但由于没有鱼鳍，游动时不能改变方向。 莎卡班坝鱼的嘴部也是一直张着，通过嘴部过滤水中的食物。

长着大下巴，穿着盔甲的鱼类

盾皮鱼类

盾皮鱼类长着下巴，但是没有鱼鳔。就像现代的鲨鱼一样，盾皮鱼类也需要通过不停地游泳来防止沉入海底。它们身披骨甲，这使它们在遇到海蝎等捕食者的攻击时能免于受伤。它们的骨骼较柔软，体形各异，最小的只有几厘米长，最大的身长达 8 米！

邓氏鱼是盾皮鱼类中体形最大的种类之一，样子非常可怕。它的身体长达 5 米，重达 3~7 吨，拥有壮硕的头骨和有力的双颌。邓氏鱼的鱼鳍是肉质的，古生物学家推测，这种鱼的鱼鳍应该很长，且长在脊背上。

邓氏鱼

伪鲛的形态比较接近现代魟鱼。这种动物拥有较宽的胸鳍，身体前部长有骨板，尾部长有小块骨板。伪鲛游泳的方式与魟鱼相似，以软体动物为食，用狼牙状的牙齿磨碎食物。

伪鲛

一种古老的鲨鱼

软骨鱼是一种史前动物，不过，在今天的大海中也可以找到这种鱼类呢！事实上，今天的鲨鱼、银鲛和魟鱼都属于软骨鱼，尽管它们的形态与祖先相比已经千差万别了。

软骨鱼的最大特征就是没有骨架和鱼鳔，只有软骨，因此这种动物必须依靠持续的游泳来防止下沉。

裂口鲨

裂口鲨是一种古老的鲨鱼。通过对泥盆纪时期化石的研究，人们对这种鱼类已经有了深入的了解。这种动物靠捕食鱼类、软体动物和水生有壳动物为生，曾统治着今美国俄亥俄州一带的海域。

胸脊鲨是鲨鱼的近亲，它的脊背上长着一个非常奇怪的突起扁鳍，扁鳍上长满了小刺，这个扁鳍看上去就像电熨斗一样。胸脊鲨头部的前方也长满了小刺。古生物学家至今仍然没有探明这些器官的作用，有人认为，这种鱼在捕猎时，将这些器官当作嘴来使用；也有人认为，它们是用来求偶的，因为在演化后期，只有雄性胸脊鲨拥有这部分器官。

胸脊鲨

脊背上的锚钩

弓鲛曾是一种常见的鲨鱼，不仅在今北美洲地区，在今欧洲、亚洲、非洲等多个大洲也都很常见。弓鲛的身长最多可达 2.5 米。雄性弓鲛的头部两侧长有奇怪的长钩，这些长钩是直接从头骨上长出来的。

弓鲛

辐鳍鱼类

软骨鱼随后演化成了硬骨鱼，现今的 2 万余种辐鳍鱼（鱼鳍呈辐射状分布）都属于硬骨鱼。

鳞齿鱼也是一种硬骨鱼，身长接近于人的身高，拥有可以控制浮沉的鱼鳔和坚硬的鱼鳞。这种动物在湖底和沼泽里生活，用锋利的牙齿咬食软体动物。鳞齿鱼最先演化出了一种全新的嘴部结构：上颌不再由颧骨固定，而是形成了一种管状结构，这种结构可以让它吸住更远处的猎物。

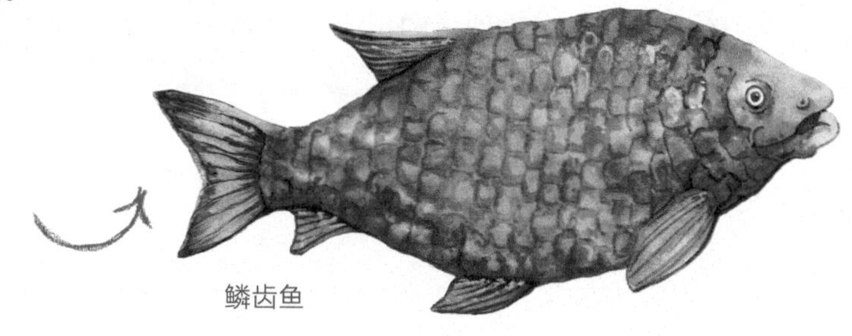

鳞齿鱼

剑射鱼身长 4 米，它的嘴部与斗牛犬的嘴相似，拥有突出的圆锥形牙齿，甚至可以吞咬像人一样大的鱼类！

剑射鱼

普瑞斯加加鱼

普瑞斯加加鱼是现代“小妞鱼”的祖先，小妞鱼是一种生活在海礁地带的常见的现代鱼类。普瑞斯加加鱼曾在今北美洲的淡水湖泊和河流中生活，用短颚来捕食蜗牛和小型有壳动物。

鳍鳞鱼的骨骼部分只有脊柱，其他部分均由软骨组成，因此它的化石不易保存。鳍鳞鱼的身体上布满了小块硬鳞，是淡水环境中非常厉害的捕食者。它们总是张着大嘴，时刻准备捕食大型鱼类，有些猎物的长度甚至达到了其自身长度的三分之二！

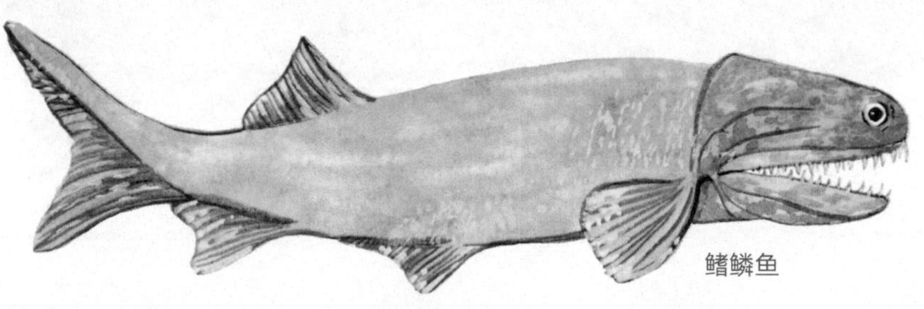

鳍鳞鱼

远古时期的热带潟湖持续扩张至今德国的部分地区，那里曾经游弋着一种体形很小的鱼，它总是张着嘴，以捕食水面上的浮游生物。这种鱼的拉丁语属名为*Leptolepides*，意为“脆弱的鱼鳞”。它的鳞片很轻，呈圆形，没有珐琅质。这样轻薄的外衣，再加上可以弯曲活动的脊柱，使它能够在水中高速游动。

“脆弱的鱼鳞”

你知道吗？

鲟鱼是一种非常原始的辐鳍鱼。在北半球的冰冷海域生活着 20 多种鲟鱼，它们在淡水河流中繁衍，如今还保持着部分原始特征：比如它们的尾巴总是向上翘起，身上的鳞片也保持着原始形态。在市场上，鲟鱼的鱼子要比鲟鱼本身更抢手，因为鲟鱼的鱼子可用来做美味又昂贵的鱼子酱。然而，正是因为人类过度采集鲟鱼的鱼子，再加上污染和水坝施工，鲟鱼如今已成为濒危物种。

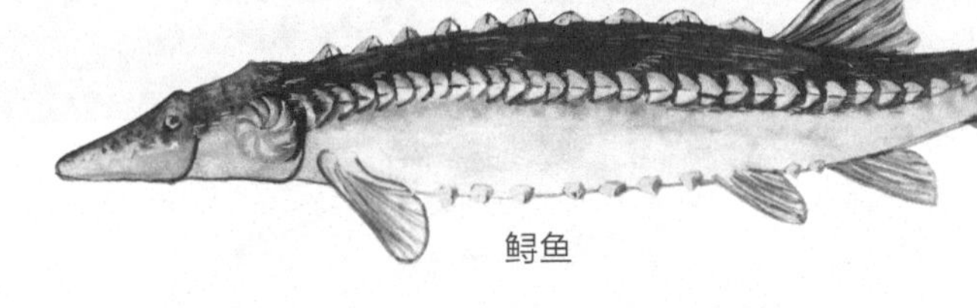

鲟鱼

肉鳍鱼类

肉鳍鱼属于硬骨鱼，但它的鳍是肉质的，由鱼骨支撑。除了鳃之外，这种鱼还长着一种类似于肺的器官，这可以让它在水外呼吸。部分原始肉鳍鱼长出了四肢和躯干，开始向陆生脊椎动物演化。

真掌鳍鱼是今欧洲和北美洲地区比较常见的鱼类，在淡浅水区靠移动三叉尾巴来捕食。

真掌鳍鱼

潘氏鱼

潘氏鱼生活在浅水河流和湖泊中，是一种最接近于陆生脊椎动物的肉鳍鱼。它的眼睛长在头骨上部，鼻孔长在鼻梁上，向前张开，与远古四足动物类似。

仍然健在！

你知道吗，在我们生活的时代仍然存在一种与 3.5 亿年前的肉鳍鱼非常相似的动物！这种动物叫作矛尾鱼，它的身长有 1.5 米，长着肉鳍和珐琅质鳞片，尾巴呈流苏状。1938 年，人们在非洲南部的印度洋海岸捕获到了第一条矛尾鱼，在这之前，人们以为它早就灭绝了。

矛尾鱼

颌口类动物是从鱼类演化而来的高等动物，它长有颌骨，与无颌类动物不同。这类动物包括盾皮鱼（有颌无鱼鳔）、软骨鱼（软骨，有颌无鱼鳔）和两大类硬骨鱼：辐鳍鱼（鱼鳍呈辐射状，由骨头支撑）与肉鳍鱼（长有肉质鱼鳍）。

壳椎类动物

壳椎类动物是一类生活在石炭纪和二叠纪时期的四足动物，它们喜欢炎热潮湿的环境，水生与陆生形态都有。

壳椎类动物中演化出了一种滑体两栖动物，今天的火蜥蜴、青蛙和蟾蜍就属于滑体两栖动物。青蛙和蟾蜍比较特殊，拥有比较简单的骨骼结构，没有横肋和尾巴，脊柱非常短。

盗首螈是一种非常特别的壳椎类动物：它的头骨呈三角形，样子很像回旋镖！从化石的情况来看，只有成年盗首螈的头部才呈回旋镖形状，幼年盗首螈的头型并非如此。有些古生物学家认为，如此宽的头骨使得盗首螈不易被吞食；也有些古生物学家认为，这样的头骨就像一对副翼，可以让盗首螈保持向上游动，因为水在“回旋镖”的上方流动速度较快，而在身体下方则流动缓慢，由此可以形成一个向上的推力。盗首螈一般在河底埋伏，眼睛总是向上以观察猎物。

“回旋镖”形状的头

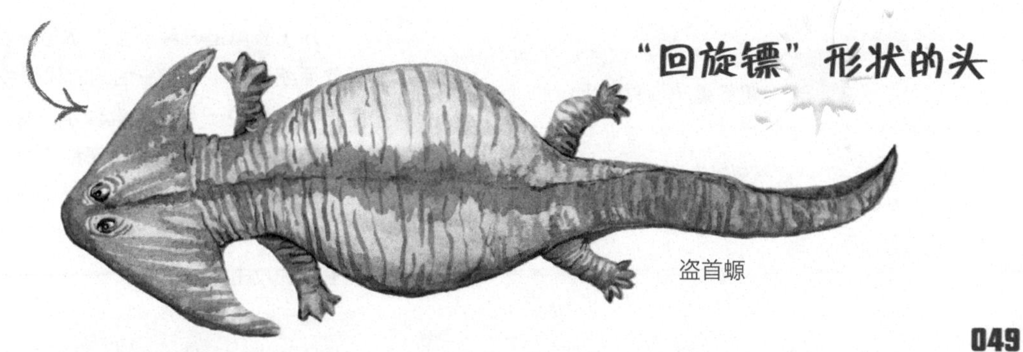

盗首螈

副爬行动物：原始龟

古生物学家将那些形态类似于爬行动物，但是头骨没有颞骨开孔的动物统称为“副爬行动物”。

龟就是副爬行动物，属于龟科。最早的龟出现在侏罗纪时期，是两栖杂食动物。在中生代，龟的种类开始增多，出现了陆生食草龟与杂食龟、淡水食肉龟，以及以水母和海绵为食的巨型海龟。今天的龟类有 250 余种，它们保留了无颞骨开孔、无牙和有喙等原始形态。龟壳由背甲和腹甲组成。演化最发达的龟可以将颈部、尾部和四肢全部缩进壳内。有些龟的保护壳更加严密，当它们受到威胁时，可以像抽屉一般合上，密不透风。

有史以来最大的龟

古海龟

古海龟是最大的海龟种类之一，身长可达 4 米，身宽可达 5 米，体重 2 吨，是现代海龟的两倍。这种龟像现代海龟一样在沙滩上产卵，雌性用后肢挖巢。与之相比，现代海龟的体形就要小得多，因为如果体形过于庞大，就无法立足陆地繁衍了，那么古海龟又是怎么做到的呢？

古海龟不能将躯干缩进龟壳，这一弱点让它时常成为海底爬行动物的猎捕对象。另据推测，古海龟的龟壳皮质较类似于橡胶，它以水母和海绵等无壳生物为食。

忍者龟是 12 万年前生活在今澳大利亚一带的巨型龟。它身长 2.5 米，体重达 200 千克。忍者龟是食草动物。也许动画片《忍者神龟》里的主角就是以它为原型的吧！

忍者龟

忍者龟

苏氏骇龟

古生物学家在德国梅塞尔化石坑发现了两只正在交配的龟的化石。当地曾经是一片靠近火山的湖泊，水中极度缺氧，且毒素含量较高。据考证，这两只龟属于 *Allaeochelys crassesculpta* 品种，生活的时代距今有 4700 万年。该化石堪称最大的物种交配化石，其他的交配化石主要来自昆虫。

苏氏骇龟是一种原始淡水龟，可以将颈部折叠后缩进壳中。它生活的时代距今有 400 万年，栖息地位于今南美洲淡水水域，身长达 2 米。苏氏骇龟的头部和尾部都由骨壳覆盖，还长有朝向不同方向的犄角。尽管碍事的犄角让它的头部无法完全缩进壳中，却可以用来抵御捕食者的攻击。

假鳄类动物

在二叠纪末期，地球上演化出了一类被统称为“初龙”的动物，这类动物就是所谓的远古爬行动物。它的头骨两侧各有两个颞颥孔，今天的鳄鱼已经失去了这一特征，不过，今天的小型鸟类将这一特征保留了下来。

在侏罗纪时期，这一类动物又细分为两大类：

- 一类叫作鸟跖类动物，包括翼龙、恐龙和鸟类；
- 另一类叫作假鳄类动物，这类动物的拉丁学名为“*Pseudosuchia*”（假鳄亚目），意为“长有鳄鱼脚踝”的动物。这些动物的踝关节可以转动，这使它们可以利用足爪爬行前进。假鳄类动物既是有水环境的主宰者，又可以在陆地上生活。

角鳄是一种假鳄类动物，生活在三叠纪时期的今北美地区。它身长 3 ~ 5 米，腹部和尾巴表面都覆盖着鳞甲。此外，它的身体侧方还长着像犄角一样的长刺。角鳄的牙齿呈叶形，很可能是用来咀嚼植物的。

剑鼻鳄是一种水陆两栖假鳄类动物，生活在三叠纪晚期。它的颚骨长而有力，牙齿尖利。古生物学家推测，这类动物应该是一种可怕的捕食者。

迅猛鳄

迅猛鳄是一种生活在三叠纪时期的今巴西一带的陆生假鳄类动物，身长 5 米，鼻尖非常有特点，呈向下弯曲状，可以说是当地非常凶猛的捕食者！不过，虽然叫“迅猛”鳄，它跑起来的速度却算不上迅猛，甚至无法长时间快速追击猎物。迅猛鳄更习惯伏击体形较小的动物。在捕猎时，它通常会扑到猎物身上，靠体重压制猎物。古生物学家之所以得出这样的结论，是因为迅猛鳄的化石都是在其他动物饮水地的岩石中发现的，一般来讲，这些地带都会埋伏着凶猛的捕食者。

迅猛鳄的头骨很粗大，锋利的长牙和食肉恐龙的牙齿很像，虽然它所生活的时代比食肉恐龙出现的时间要早。

腔棘鱼

腔棘鱼是一类生活在白垩纪的大型鱼类。它的化石发现于南美洲和非洲地区。要知道，这类鱼的身长可达 4~6 米，体积大得像一头犀牛。不过，它并非像犀牛一样生活在陆地上，而是生活在浅水区的河口地带，靠肉鳍在水中爬行来捕食小鱼，但它同时也可能是原始鳄鱼和棘龙的猎物。腔棘鱼的骨架与同期的水陆两栖和陆生的四足动物相似。它的上颚可以向上转动，这样它的嘴就可以张得很大。腔棘鱼的第一块化石于 1907 年由英国古生物学家阿瑟·史密斯·伍德沃德发现，伍德沃德是全球鱼类化石的权威专家。然而，比起鱼类化石研究，后人对他更深的印象来自那场“皮尔丹人”骗局。当时，伍德沃德将一块于英国皮尔丹地区出土的化石鉴定为类人猿的头骨，但后经证实，这块化石是赝品！

鳄鱼被看作存活至今的原始初龙。大部分鳄鱼都是水生食肉动物。原始鳄鱼的皮肤表面长有鳞甲，四肢短小，尾部粗壮，颚骨有力，牙齿极其锋利。它在水中游动时的样子就像浮在水面上的一根树干。除了捕食鱼类，它还会袭击在河边饮水的、毫无经验的猎物。

原始鳄鱼的种类很多，有些体形类似于狗，奔跑速度很快，有些则体形硕大。

原鳄

原鳄生活在侏罗纪，它的化石发现于美国亚利桑那州。原鳄身长 1 米，四肢较长，能以半直立奔跑的方式捕食哺乳动物和蜥蜴。今天的鳄鱼也可以利用四肢快速奔跑。原鳄的上下颌骨可以完美地咬合在一起，这是它可怕咬力的保障！

也许是有史以来最庞大的可怕鳄鱼

恐鳄

从名字就可以看出，恐鳄是一种了不得的动物。身长 10 米、体重 5 吨的它，可能是有史以来块头最大的鳄鱼。它生活在白垩纪晚期的北美大陆。捕猎时，它很可能先埋伏在水边伺机而动；一旦鸭嘴龙等大型猎物出没，它就会跳出来将猎物拖拽到水中并将它们淹死，然后慢慢享用。此外，它很可能像现代鳄鱼一样靠吞噬鹅卵石来增加体重。

平喙鳄

平喙鳄是中生代的一种海生鳄鱼。它的爪子长有蹼，颚骨很长，锋利的牙齿可以咬住原始鱼类和软体动物等皮肤滑溜的动物。与其他鳄鱼不同的是，平喙鳄的身体表面没有鳞甲，却因此显得灵活自如。它很可能是靠近水面生活的，一旦时机成熟就立刻出击捕食猎物。据推测，平喙鳄的形态与今天的长吻鳄非常相似，后者现今生活在印度南部地区。

合弓纲动物——哺乳动物的前身

合弓纲动物是四足脊椎动物，它的头骨两侧各有一对下位的颞孔，颚骨的肌肉由此穿过颞孔，这样它就能将嘴巴张得非常大，咬力十足。哺乳动物的头骨两侧也各有一对颞孔，但双孔亚纲原始爬行动物的头骨两侧就有两个颞孔了，也是因为这个原因，合弓纲动物又被称作“似哺乳类爬行动物”。合弓纲动物是在3亿年前的石炭纪晚期由盘龙目动物演化而来的。盘龙目动物中既有食肉动物又有食草动物，它们的背上有的长有一个显眼的背帆，这个器官很可能是用来调节温度的：气候过于炎热时，背帆就会向下收缩进行排汗；阳光不是很充足时，背帆就会向上打开，起到保温的作用；有时，调节背帆也可以起到迷惑捕食者的作用。有些古生物学家认为，背帆还具有让同类动物相互识别的作用。盘龙目动物由如下不同的种类组成。

蛇齿龙是一种半水生的捕食性动物，它的体形修长，四足短小，头骨高窄。蛇齿龙长有锋利的犬牙，可以将鱼类等身体滑溜的猎物咬住。

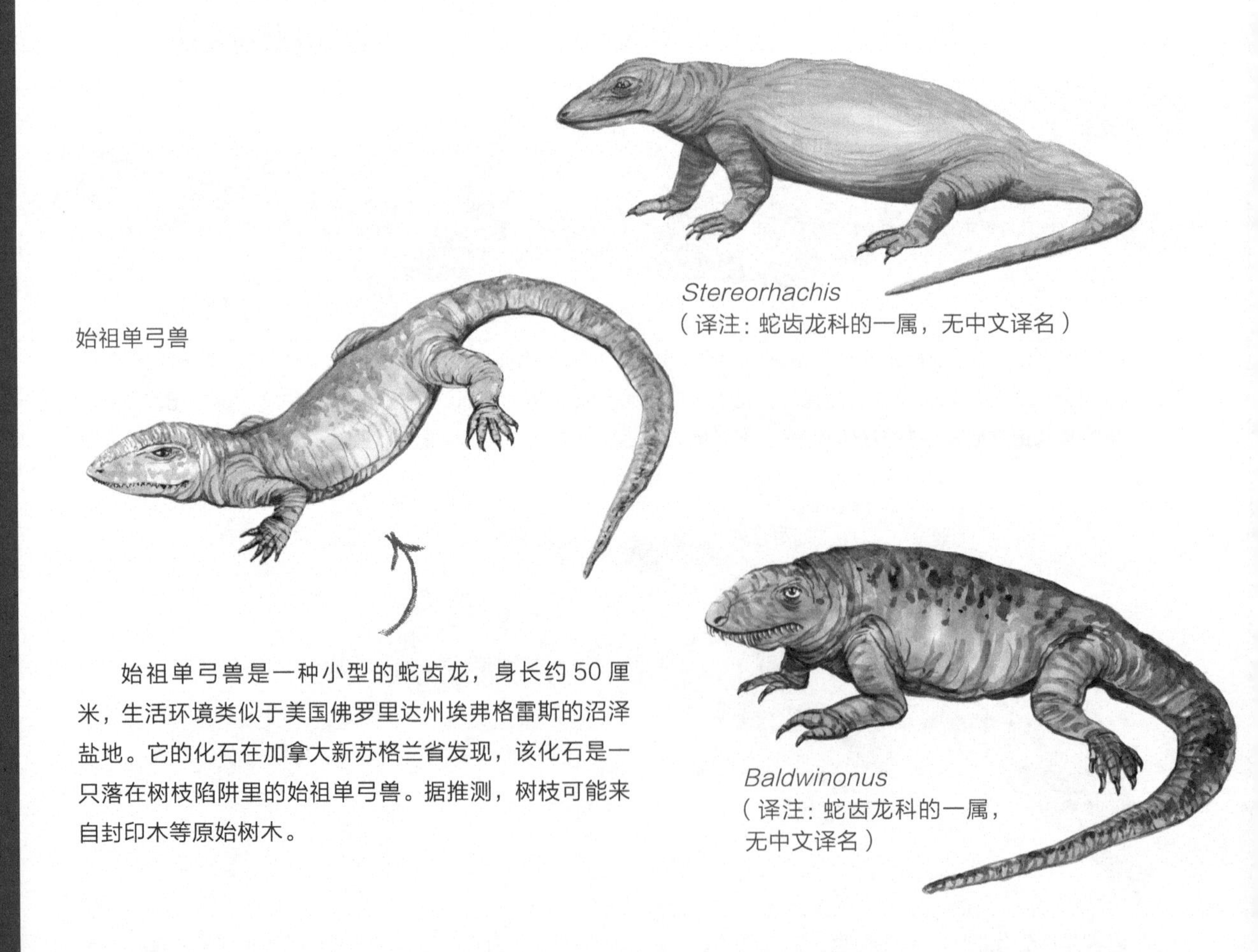

Stereorhachis
（译注：蛇齿龙科的一属，无中文译名）

始祖单弓兽

始祖单弓兽是一种小型的蛇齿龙，身长约50厘米，生活环境类似于美国佛罗里达州埃弗格雷斯的沼泽盐地。它的化石在加拿大新苏格兰省发现，该化石是一只落在树枝陷阱里的始祖单弓兽。据推测，树枝可能来自封印木等原始树木。

Baldwinonus
（译注：蛇齿龙科的一属，无中文译名）

蜥代龙的形态类似于一种大型长腿蜥蜴。它颈部短小，与身体垂直。尽管长有一般食草动物都有的尖牙，但蜥代龙的嘴部无法张大，因此嘴部的肌肉也并不发达。

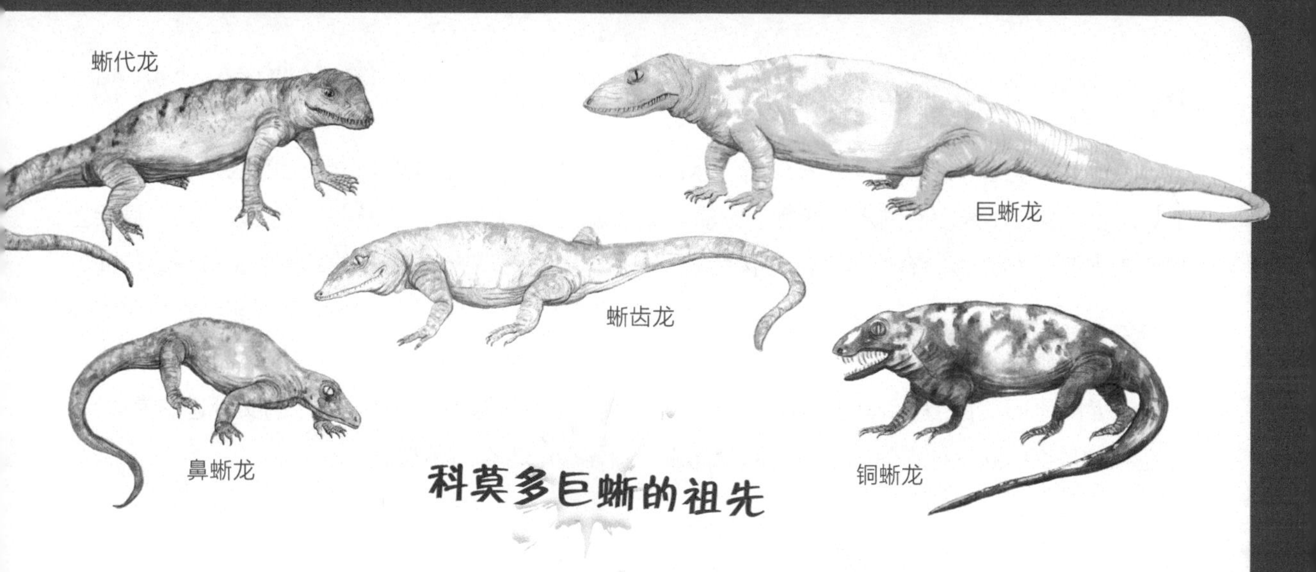

科莫多巨蜥的祖先

基龙科动物曾是今北美大陆常见的食草动物，它最大的特征就是拥有可以调节温度的背帆。原始基龙身长不足 60 厘米，随后演化出的品种身长超过了 3 米！

基龙是演化最发达的基龙科动物，身长 3.2 米。由于是食草动物，它的前牙就像小凿子，后牙也比较钝，主要用来磨碎树叶。它的背帆比较扁长，由发散的骨刺支撑。

基龙

楔齿龙是演化最发达的盘龙目动物，也长有背帆，被称作哺乳动物祖先的兽孔目动物就是从楔齿龙演化而来的。

异齿龙是最常见的楔齿龙科动物，身长达 3.5 米。它的头部窄长，颚骨有力，牙齿锋利无比。与哺乳动物类似，这种动物的牙齿也根据不同功能呈现出了不同的形态，前牙就像楔子一样，后牙带尖，就像犬牙。它的背帆也非常漂亮，同样用来调节体温。异齿龙的化石在北美洲和欧洲相继被发现。

异齿龙

沧 龙

沧龙是白垩纪时期浅海区的统治者，水陆都可以生活，形态类似于陆地上的巨蜥和毒蜥。随后，身长 1 米左右的水陆两栖形态演化成了身长 15 米的纯海生形态。沧龙以海龟、原始鱼类和盘龙类动物为食。有些沧龙的牙齿短粗，适合咬裂菊石等软体动物的外壳；还有一些沧龙的牙齿呈锥形，颚骨壮大，便于捕猎。雌性沧龙从不离开大海产卵，古生物学家推测，它们可能在水中直接产出活体后代。

沧龙的体形狭长，身体灵活，虽然的确有躯干，但躯干很短小。此外，沧龙的头骨也非常灵活。沧龙和蛇是否由同一种史前水生生物演化而来，科学界一直存有争议。

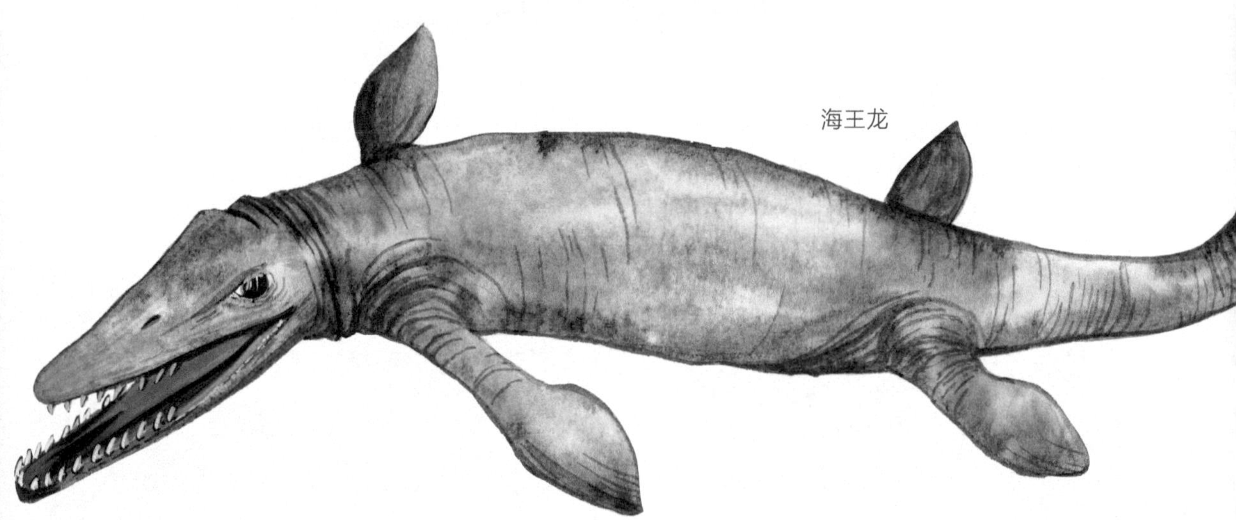
海王龙

海王龙是白垩纪晚期的动物，身长 11 米，在今北美洲和日本的浅海区生活。它的鼻尖处有一块突起的鼻骨，据推测，这部分器官可能是用来撞晕猎物的。海王龙应该也长有分叉的舌头，因为与陆地上的蜥蜴和蛇一样，它的头骨化石上也留有供舌头来辨别空气和水中气味的空间。它的鳍像翅膀一样长，尾部有力，用于滑水。海王龙的头骨非常灵活，可以吞食大型猎物。

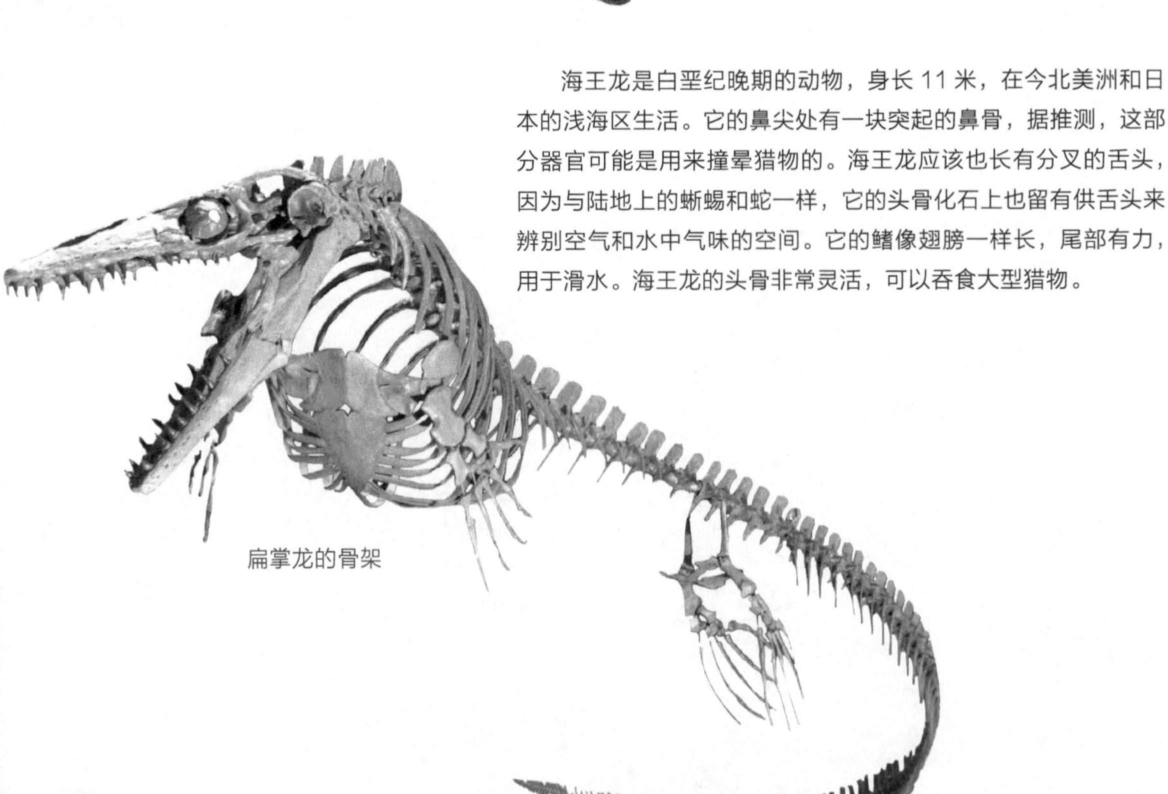
扁掌龙的骨架

蛇颈龙

蛇颈龙属于鳍龙超目海生爬行动物，分为短颈型和长颈型两类。它的牙齿非常锋利。蛇颈龙长有两对用于划水的鳍，与今天海龟和企鹅的鳍有异曲同工之处。蛇颈龙生活在白垩纪早期，距今 1.1 亿年。

短颈型蛇颈龙

2002 年，人们在墨西哥发现了一块长 15 米的动物化石。当时，古生物学家还不确定该动物是滑齿龙，就将其命名为“阿兰贝里的怪物”。

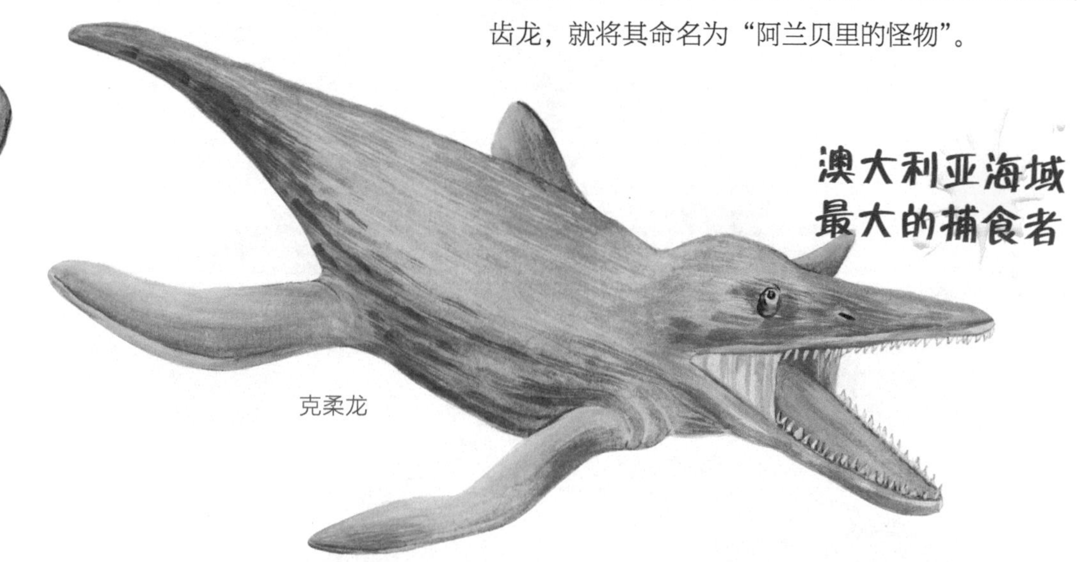

克柔龙

克柔龙是一种生活在今澳大利亚和南美海域的巨型动物，身长 9 米，光是头骨就占了 3 米。它的牙齿粗大，部分牙齿长达 25 厘米。据分析，克柔龙能够用嘴将水流推向鼻孔，因此，它可以闻到来自远处的气味。古生物学家还从克柔龙化石的胃部发现了鱼类、鱿鱼和蛇颈龙的化石，由此推断，它的捕猎习惯类似于今天的鲨鱼。还有些古生物学家发现，克柔龙化石的胃部还存有一些陆生动物的化石，这表明克柔龙也许会食用一些漂散到海里的陆生动物的尸体，也可能会在近岸处伏击一些靠近大海的陆生动物。

滑齿龙

滑齿龙是侏罗纪时期的海洋霸主，拥有与克柔龙同样庞大的体形，但它的头部只有 1.5 米长。滑齿龙的游速极快，永远处于饥饿状态。依靠有力的颌骨和尖锐的牙齿，滑齿龙能将猎物拖入水下。它主要以鱼龙类动物和大型鱼类为食，也可能会捕食同类的幼体。

薄板龙有超过 70 块颈椎骨，是颈椎骨最多的动物！它的颈部非常灵活，可以埋伏在海底，靠伸长脖子轻松捕食上游的鱼类，这种捕猎方式具有很强的突击性。有时，薄板龙还会在浅水区浮游，向下伸出脖子来“钓鱼”！

薄板龙的身长有 14 米，体重达 2 吨。它身上的薄板可以保护胸部。薄板龙胸部的肌肉非常发达，这些肌肉能帮助移动鳍。

薄板龙的头骨非常小。通过对其眼部和耳部结构进行分析，古生物学家推测，这种动物在水下的视觉和嗅觉都非常灵敏。

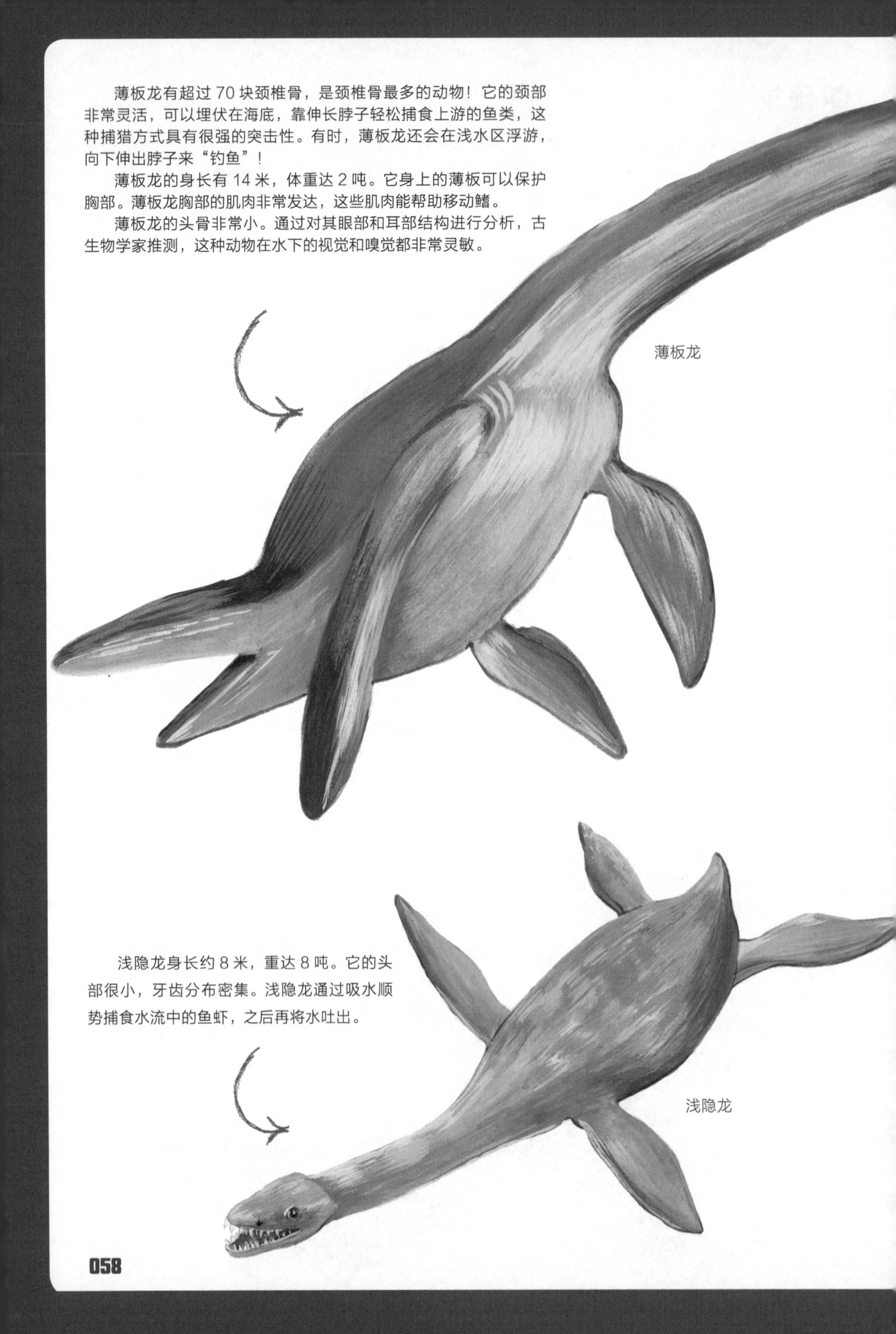

浅隐龙身长约 8 米，重达 8 吨。它的头部很小，牙齿分布密集。浅隐龙通过吸水顺势捕食水流中的鱼虾，之后再将水吐出。

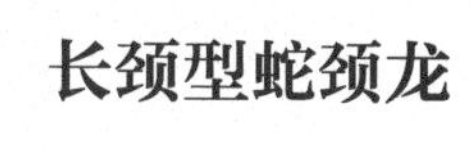

长颈型蛇颈龙

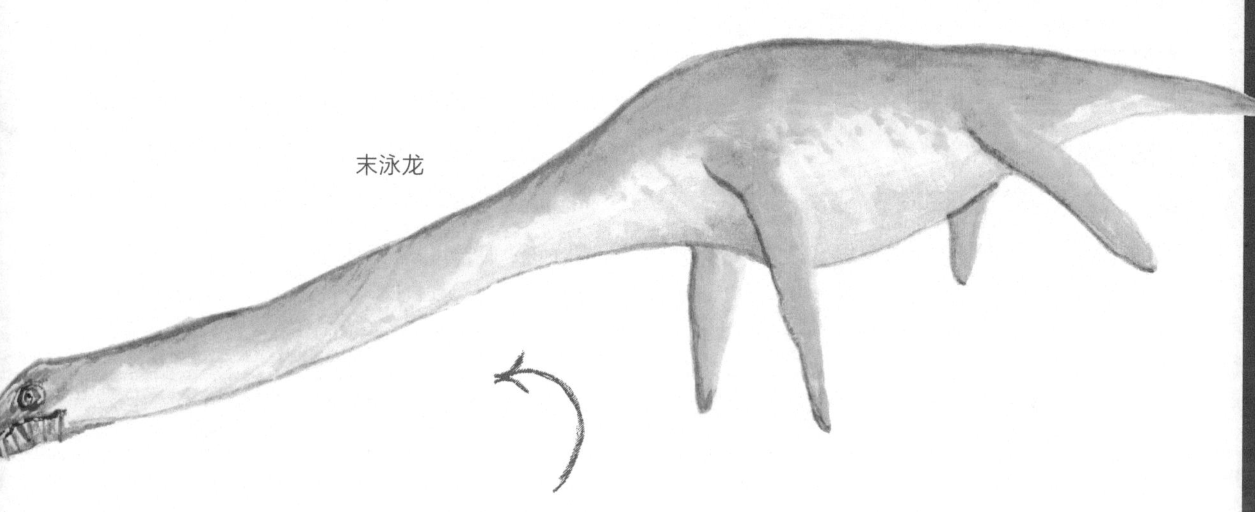

人们在北美洲发现了一副末泳龙骨架的化石，不过，这副骨架并不完整。骨架长 7 米，但大部分是颈部。此外，在这副骨架中，古生物学家还发现了末泳龙吞噬的 150 块胃石，这些小石子有促进胃部消化的作用，可想而知，长颈型蛇颈龙在吃饭时应该是一幅风卷残云的景象吧！

死亡陷阱！

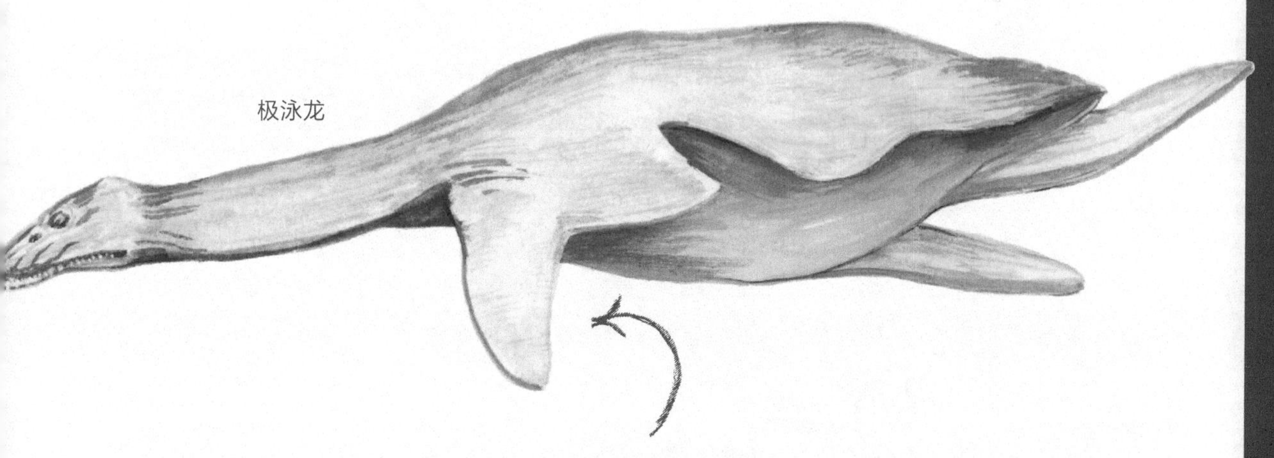

极泳龙也是蛇颈龙科的一种，其化石在南美洲和南极地带被发现。它的颈长约 2 米，由 30 多块颈椎骨组成。不过，极泳龙最大的特点还是牙齿：它的上颚长有 90 颗牙齿，下颚长有 116 颗牙齿，嘴巴在闭合时，上下牙齿可以完美地咬合。小鱼们往往会成群结队地游进极泳龙的大嘴巴里，殊不知，它们正在进入死亡陷阱！

尼斯湖水怪的故事：蛇颈龙还活着吗？

有人曾声称在苏格兰的尼斯湖中见过一只“水怪”，这只怪物随后被当地人命名为“尼斯湖水怪”。部分居民表示，他们确实见过这只怪物，有人甚至还声称拍下了照片。据说，尼斯湖水怪应该是一只存活至今的蛇颈龙，没人明白为什么它能在海生爬行动物的大灭绝中死里逃生。有人说看到了它入水时的场景，当时，它的嘴里还叼着几只陆生动物，据此我们可以判断，水生和陆生动物都是它的食物。从这只怪物身上的鳍来看，它应该是一种水生动物，因此除了出水捕食外，它大部分时间都待在湖水中。之后，古生物学家开始寻找和研究这只传说中的水怪，但研究结果既不能证明水怪的存在，也不能证明以上信息纯属谣言。

幻龙与楯齿龙

幻龙与楯齿龙是水生爬行动物，三叠纪时期生活在今欧洲、北非和亚洲的温浅海域，与蛇颈龙一样，它们都属于鳍龙超目。

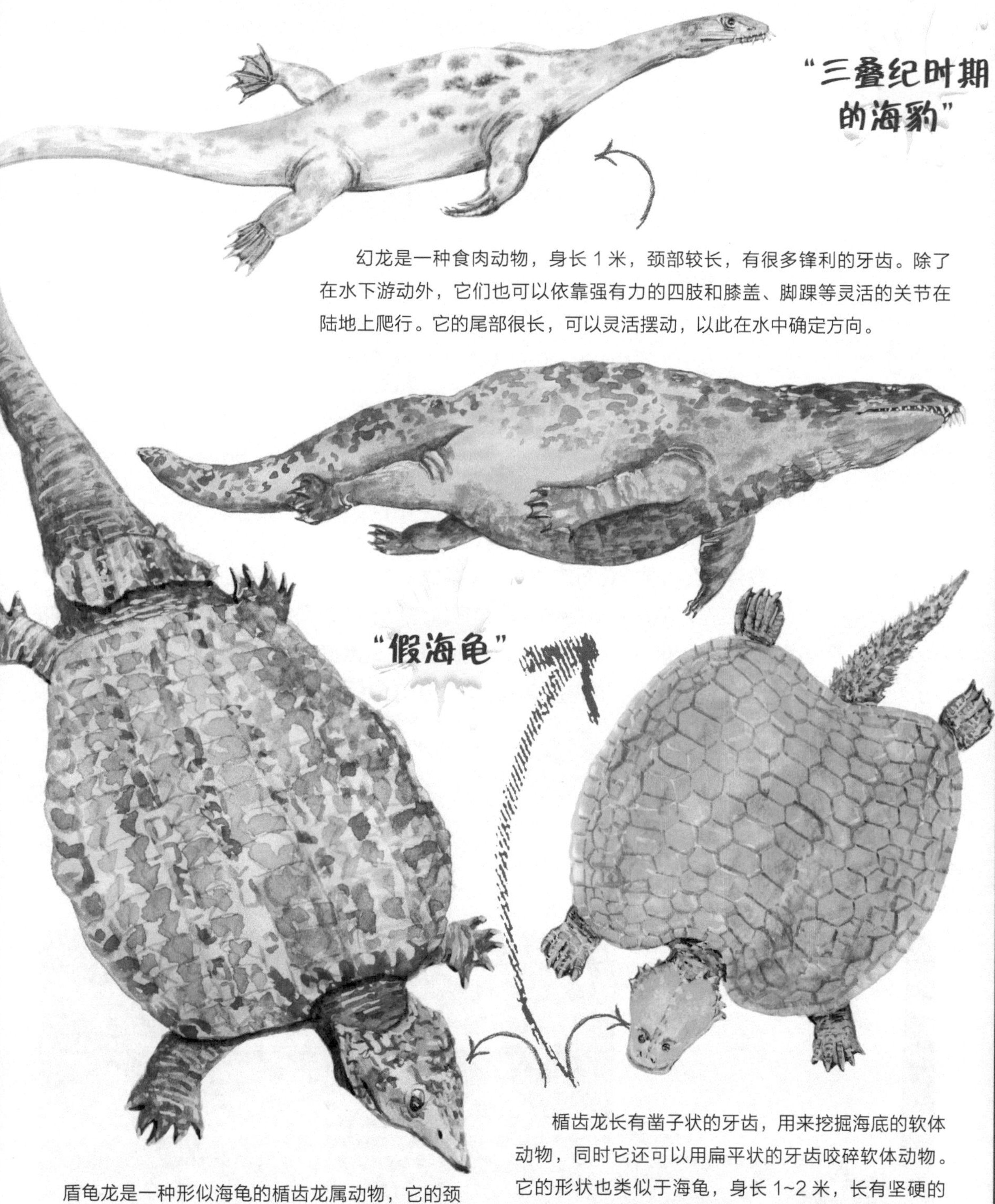

幻龙是一种食肉动物，身长 1 米，颈部较长，有很多锋利的牙齿。除了在水下游动外，它们也可以依靠强有力的四肢和膝盖、脚踝等灵活的关节在陆地上爬行。它的尾部很长，可以灵活摆动，以此在水中确定方向。

盾龟龙是一种形似海龟的楯齿龙属动物，它的颈部细长，四爪呈船桨状，鼻部呈尖状。盾龟龙的躯体与原始魟鱼相似，它生活在海底的沙子中，以软体动物为食。

楯齿龙长有凿子状的牙齿，用来挖掘海底的软体动物，同时它还可以用扁平状的牙齿咬碎软体动物。它的形状也类似于海龟，身长 1~2 米，长有坚硬的骨甲。楯齿龙的尾部呈细长状，和魟鱼的尾巴很像。据推测，它可能生活在海底的沙子和鹅卵石之间。

蛇颈龙

侏罗纪

游泳

蛇颈龙的嘴巴可以张得很大，颌骨上长有锥形牙齿，用来捕食菊石和鱼类。据推测，蛇颈龙的颈部并非很灵活，主要靠足爪划水移动。

蛇颈龙身长3~5米，头部较小，颈部细长，身体扁宽，尾部短小。它的四爪已经演化成了鳍。

知名的化石发现地

第一块蛇颈龙化石是英国化石研究者玛丽·安宁发现的，她也是第一块鱼龙化石的发现者，在莱姆里吉斯海岸一带的化石研究领域有着很深的造诣。莱姆里吉斯海岸在18世纪末和19世纪初期成为英国贵族的休闲胜地。安宁的父亲是一位伐木工人，他教会了女儿寻找化石的方法。父亲找到的化石以菊石和箭石为主，他将这些化石作为纪念品卖给当地的游客。青出于蓝的安宁随后发现了更具轰动性的化石，可惜的是，在那个年代，家庭出身和性别等原因并没有让她获得应有的奖励与认可。

“一条穿过乌龟身体的蛇。”
——威廉·科尼比尔

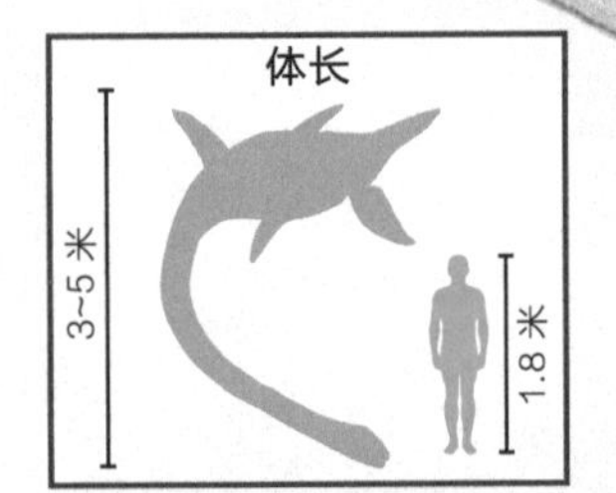

生活地区：蛇颈龙曾生活在今英国和德国地区的海域。

命名：从名字可以看出，蛇颈龙的形态更像今天的爬行动物，与鱼龙的形态有所不同，后者的形态更像鱼类。鱼龙的化石也是在相同地带发现的，发现的时间早于蛇颈龙化石。

纲：爬行纲

目：蛇颈龙目

科：蛇颈龙科

生活年代：侏罗纪早期，距今1.9亿~1.8亿年。

鱼　龙

鱼龙生活在侏罗纪时期，它长有尖喙，四爪呈船桨状，外形与海豚类似。尽管如此，它仍然属于爬行动物，长有两对鳍，尾部与身体垂直。

古生物学家曾认为，鱼龙是卵生动物，在海中产卵，因为它的鳍没有足够的力气让它在陆地上移动。在水中鱼龙就完全不一样了，它靠尾部打水，用鳍来控制游动的方向并保持身体平稳。大大的眼睛主要用来尽可能地接收水下的光线，这样可以有效地在海底捕食。

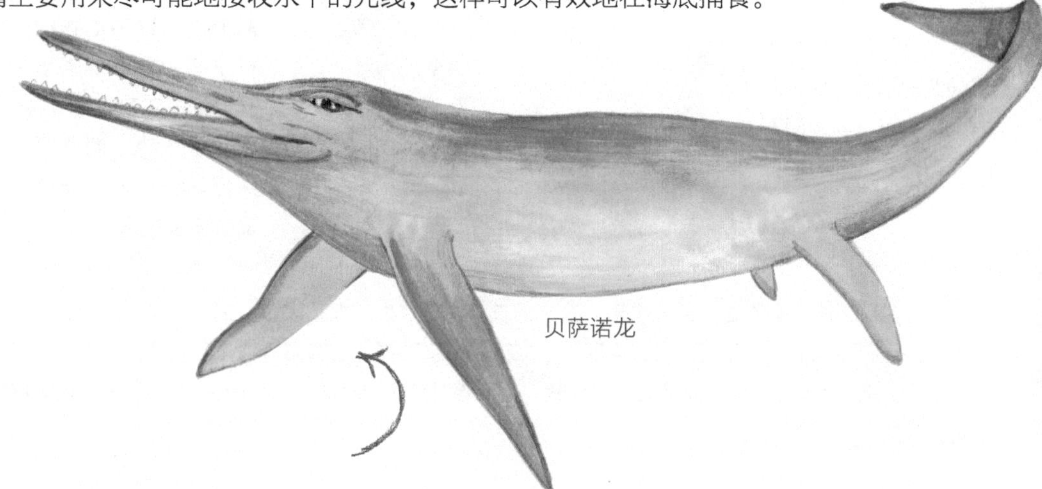

贝萨诺龙

贝萨诺龙的化石在位于意大利圣乔尔吉奥山的贝萨诺岩地被发现，并由此得名。该化石为一只怀孕的贝萨诺龙，它的腹部还留有若干胚胎的脊柱化石。贝萨诺龙体长约 6 米，头骨相对身体来讲略小。它的眼睛比同类鱼龙要小，牙齿也较小，呈圆锥形，用来咬食原始鱿鱼等头足类软体动物。

狭翼鱼龙的体形适中（身长约 2 米），身体扁窄，形似金枪鱼和海豚，也被人们称为“侏罗纪海豚”。它的头部扁长，嘴巴内部长有牙齿。狭翼鱼龙的尾部长有月牙形肉鳍，脊背上的鳍用来控制游动的方向并保持身体平衡。在德国发现的狭翼鱼龙化石身体轮廓清晰，其中一只正在分娩的雌性狭翼鱼龙的化石向我们证明，狭翼鱼龙是一种卵胎生动物。在海底，狭翼鱼龙的幼体在母体内就破卵而出，随后发育成新的个体。

在侏罗纪时期，大眼鱼龙生活在今欧洲、北美洲和阿根廷等地。从身体比例上来说，它拥有脊椎动物中最大的眼睛，其直径达 26 厘米！在捕猎时，它会很耐心地长距离追逐，然后将小鱼整条吞进嘴里，之所以这么做，是因为大眼鱼龙没有牙齿！

狭翼鱼龙

大眼鱼龙

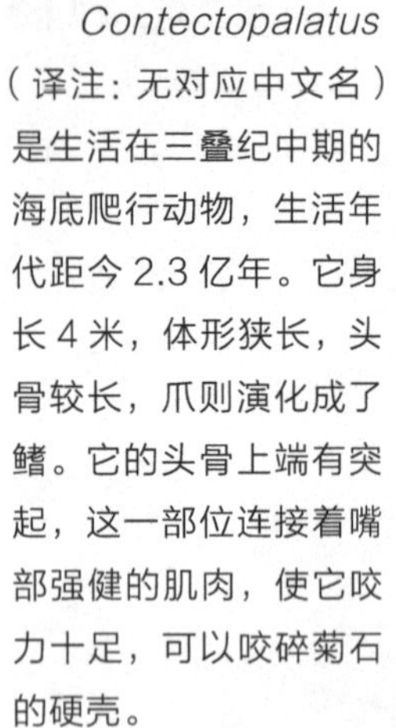

Contectopalatus（译注：无对应中文名）是生活在三叠纪中期的海底爬行动物，生活年代距今 2.3 亿年。它身长 4 米，体形狭长，头骨较长，爪则演化成了鳍。它的头骨上端有突起，这一部位连接着嘴部强健的肌肉，使它咬力十足，可以咬碎菊石的硬壳。

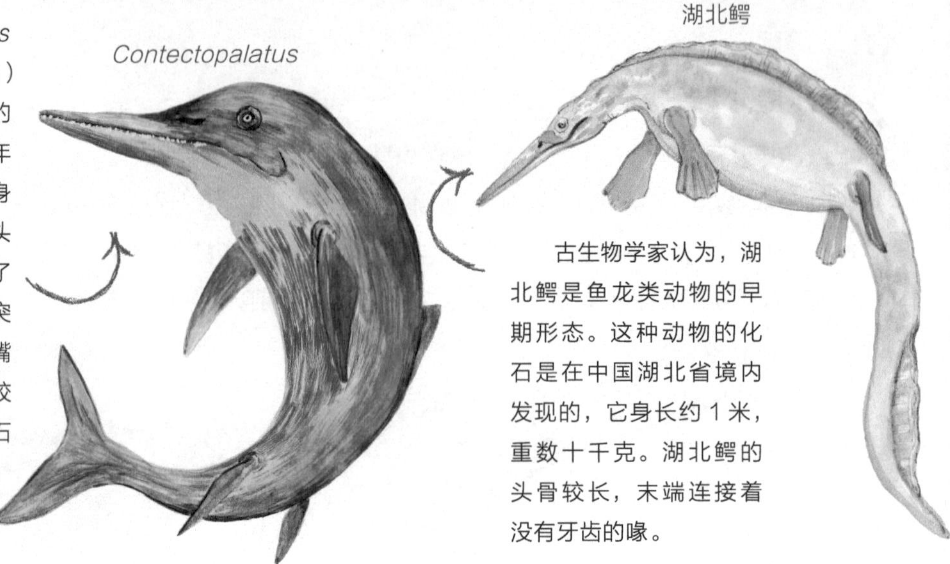

古生物学家认为，湖北鳄是鱼龙类动物的早期形态。这种动物的化石是在中国湖北省境内发现的，它身长约 1 米，重数十千克。湖北鳄的头骨较长，末端连接着没有牙齿的喙。

混鱼龙是一种小型鱼龙，身长 1 米，体形细长，头骨较大，颞孔较宽，由一个硬环支撑。它的喙部较长，长有大量尖牙和其他形状的牙齿，由此推断，它应该是杂食动物。它的第一块化石在意大利北部贝萨诺化石地被发现，化石上还没有尾鳍，但尾部呈向下弯曲状，有可能尾部的软质部分化石遗失了。这种动物可能生活在浅水区，靠尾部脊柱来打水游动。

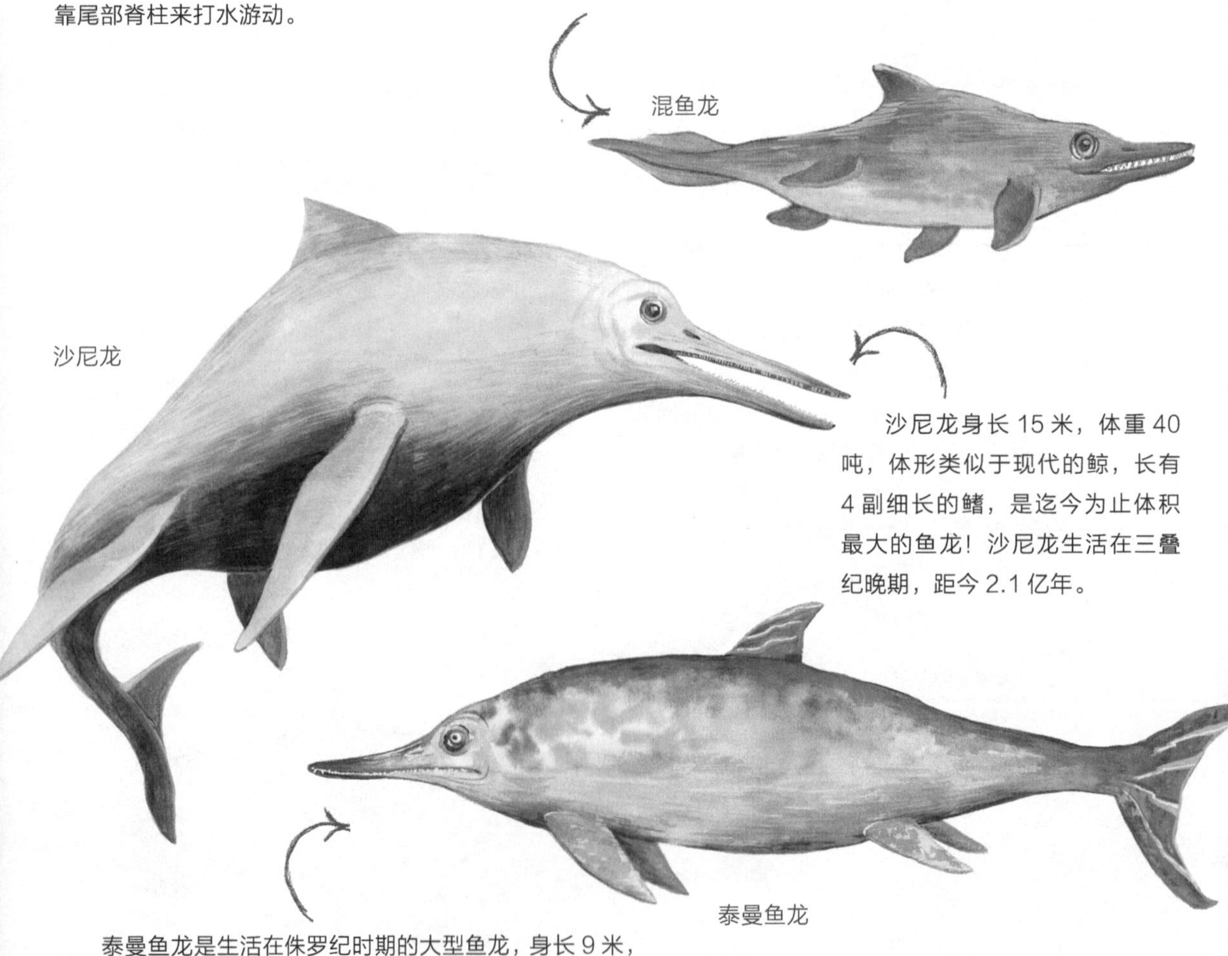

沙尼龙身长 15 米，体重 40 吨，体形类似于现代的鲸，长有 4 副细长的鳍，是迄今为止体积最大的鱼龙！沙尼龙生活在三叠纪晚期，距今 2.1 亿年。

泰曼鱼龙是生活在侏罗纪时期的大型鱼龙，身长 9 米，眼的直径达 20 厘米，以菊石和大型软体动物为食。

鱼 龙

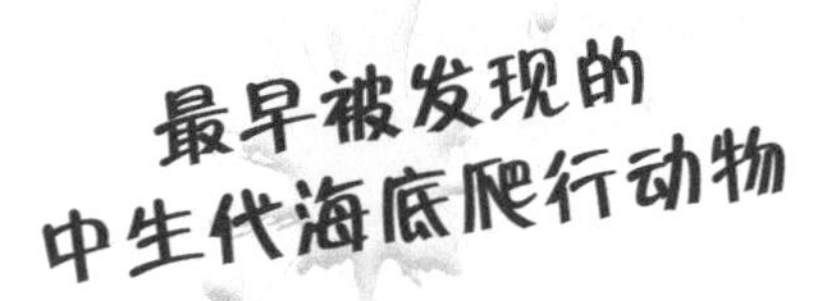

在德国和英国等地的岩石间发现的化石中，有一种体长2米、脊背长有肉鳍、尾部长有月牙形鱼鳍的动物。它长着长颌和锥形长牙。由于体形偏小，古生物学家推测它应该靠捕食小鱼和软体动物为生。这种动物的眼睛又圆又大，视觉灵敏，且长有粗壮的眼骨引导内眼颤动。它在捕食时应该主要依靠视觉。

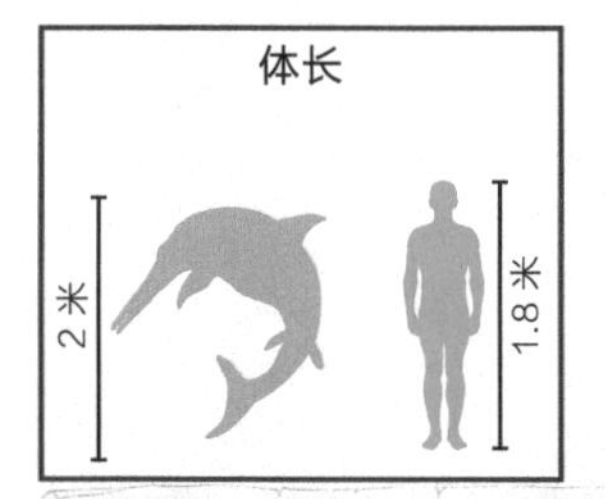

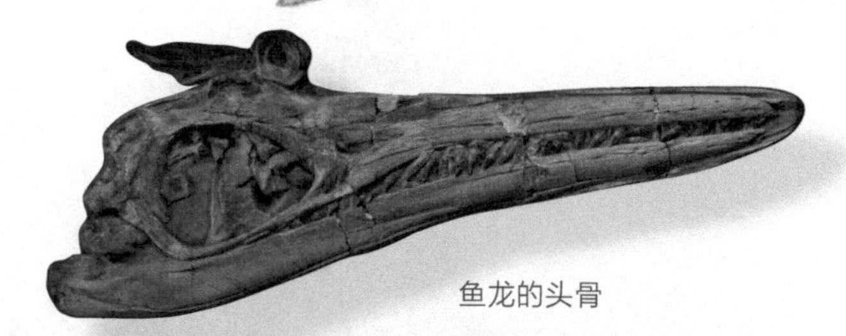
鱼龙的头骨

生活地区：鱼龙曾在今欧洲海域生活。

命名：鱼龙的拉丁语属名为*Ichthyosaurus*，意为“鱼蜥蜴”，属于海底爬行动物。从所发现的多副化石骨架来看，鱼龙应该是较常见的史前动物。

纲：爬行纲

目：鱼龙目

科：鱼龙科

生活年代：侏罗纪早期。

翼龙与翼手龙主宰的天空

翼龙目动物是第一批具备飞行能力的脊椎动物。它们出现在距今2亿年的三叠纪末期，随后演化出了多种形态，于距今6500万年发生的白垩纪物种大灭绝事件中灭绝。翼龙的翅膀事实上是一种皮膜结构，将前爪第四指、躯体和后肢相连接。有些翼龙的化石留有皮毛的痕迹，古生物学家由此推断，这类动物可能长有皮毛，是一种类似于鸟类和哺乳动物的恒温动物（即体温保持恒定）。原始形态的翼龙体形较小：翼展不超过3米，尾部较长，多根脊柱分开生长，腕骨短小。

蛙嘴龙

蛙嘴龙是一种具备飞行能力的爬行动物，生活于侏罗纪晚期。蛙嘴龙的尾部非常不明显，这可以让它灵活地飞行和捕食昆虫。它长有多个宽孔的头骨，非常轻。蛙嘴龙翼展达50厘米，而身长不足10厘米。

嘴口龙是侏罗纪晚期的一种翼龙目动物，生活在今欧洲和非洲地区。它的翼展为 75 厘米，翅膀呈镰刀状，尾部较长，长有尖牙，身长不到 15 厘米。

在德国发现的一块嘴口龙化石上留有翼膜和皮毛痕迹，古生物学家由此推断：嘴口龙像鸬鹚一样下喉长有小囊，尾部可以弯曲，能起到导航的作用。它的颌骨向上弯曲，闭合时的嘴部对昆虫和鱼类来说是一个致命的陷阱。

嘴口龙

沙洛夫龙

沙洛夫龙是三叠纪时期生活在今亚洲中部的一种爬行动物，生活年代距今 2.1 亿年。它的化石由古生物学家亚历山大 · 格里戈雷维奇 · 沙洛夫首次发现，并由此命名。沙洛夫龙只有人类的手掌那么大，拥有 4 只翅膀，后翅比前翅要发达。据推测，它在捕食时，会先爬到树枝上等待时机，昆虫一出现便俯冲捕食。饱食后的沙洛夫龙会重新爬回到树上。

双型齿翼龙

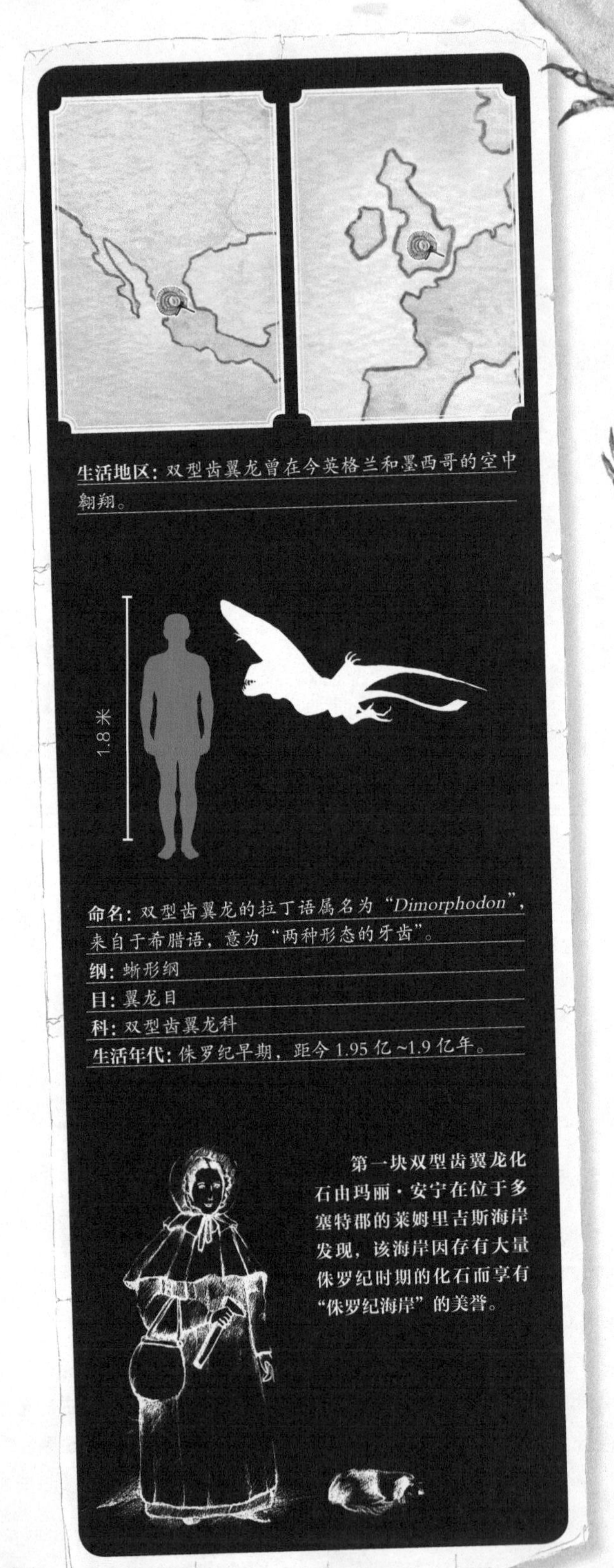

双型齿翼龙生活在侏罗纪，上颚牙齿长30~40厘米，下颌长有4~5颗长牙和若干短牙，由此得名。

双型齿翼龙与身体不成比例的头骨也比较有特点，长达20厘米，形状类似于现代鵎鵼（tuǒ kōng）和北极海鹦的头骨。

双型齿翼龙身长1米，翼展约1.5米，尾长50余厘米，多根脊椎是连在一起的，无法转动。据推测，它的尾部也可能长有软质的导航器官，尽管这在化石上没有留下任何痕迹。

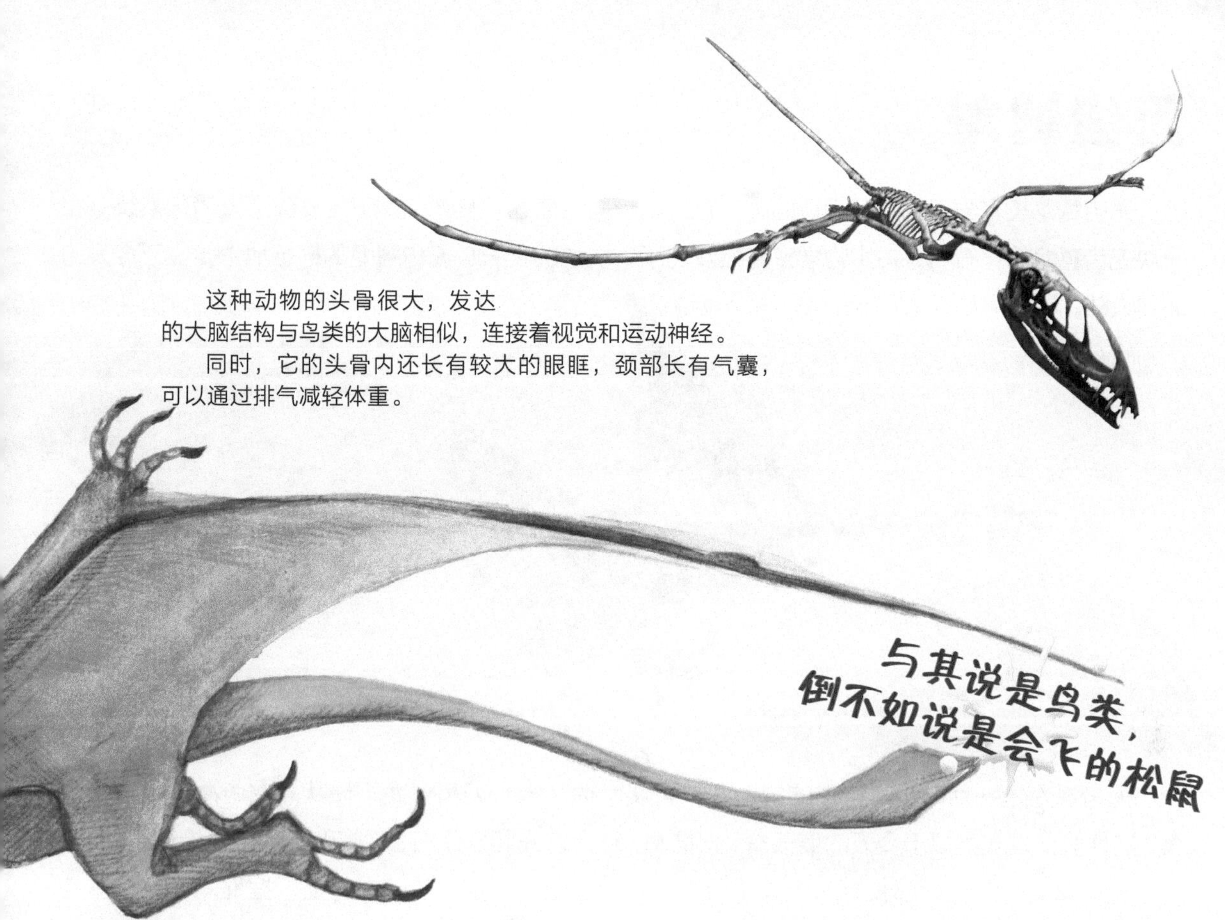

这种动物的头骨很大，发达的大脑结构与鸟类的大脑相似，连接着视觉和运动神经。

同时，它的头骨内还长有较大的眼眶，颈部长有气囊，可以通过排气减轻体重。

与其说是鸟类，倒不如说是会飞的松鼠

至今，古生物学家仍然没有探明双型齿翼龙的生活习性与饮食习惯，据推测，它可能以昆虫或鱼类为食，也可能食用蜥蜴、青蛙等脊椎动物或小型哺乳动物。部分学者认为，它也会吃腐肉。从过于短小的翅膀和强健的骨架来推断，它的飞行技巧应该并不高超，只适合短途快速飞行，无法完成长距离飞行。不过，与其他翼龙的不同之处在于，双型齿翼龙可能生活在灌木丛等空间狭窄地带。

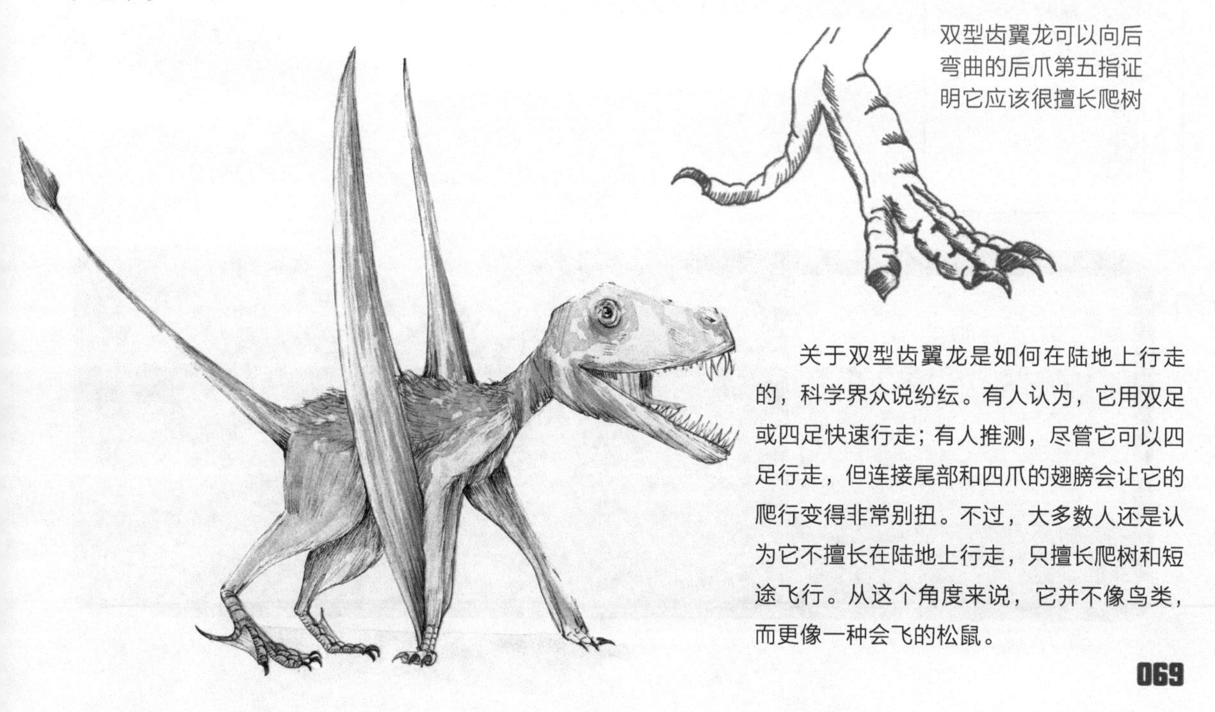

双型齿翼龙可以向后弯曲的后爪第五指证明它应该很擅长爬树

关于双型齿翼龙是如何在陆地上行走的，科学界众说纷纭。有人认为，它用双足或四足快速行走；有人推测，尽管它可以四足行走，但连接尾部和四爪的翅膀会让它的爬行变得非常别扭。不过，大多数人还是认为它不擅长在陆地上行走，只擅长爬树和短途飞行。从这个角度来说，它并不像鸟类，而更像一种会飞的松鼠。

无齿翼龙

白垩纪

无齿翼龙长有与现代鸟类相近的喙，它的颌骨向上弯曲，食物从颈下的皮囊进入消化系统。在一块无齿翼龙的化石中，古生物学家竟然发现了一块鱼的化石！无齿翼龙的栖息地主要位于今天的北美大陆。

“有翅无牙”

无齿翼龙是一种比较有特点的翼手龙，翼展可达 7 米！无齿翼龙习惯从高空俯冲下来捕食鱼类，这种捕食方式类似于今天的信天翁。据推测，它会首先爬到礁石上，将礁石当作跳板进行俯冲。

无齿翼龙的头骨后部长有一个向侧后方突起的头冠，这是它的独有特征。据推测，这个器官很可能具有飞行导航作用。不过，古生物学家观察到，有些无齿翼龙的头冠比较明显，有些则并不显著，他们由此推断，无齿翼龙的头冠是区分雌雄无齿翼龙的一大参考标志，头冠明显的应为雄性，它们靠头冠来吸引雌性或恐吓对手。

生活地区： 今北美洲、欧洲、亚洲。

命名： 无齿翼龙的拉丁语属名为“*Pteranodon*”，意为“有翅无牙”，因为它长有长喙，却不长牙。不过，喙处是长有皮囊的，皮囊的用途类似于鹈鹕的皮囊，也就是先将捕捉到的活猎物放进去储存，留到之后再食用。

纲： 蜥形纲

目： 翼龙目

科： 无齿翼龙科

生活年代： 白垩纪，距今 7000 万年。

翼手龙

1800年，古生物学家赫尔曼还原的第一个翼手龙形象

翼手龙的颈部类似于鹈鹕，呈弯长形态，头骨也很长。翼手龙长有90颗尖牙，在后部的牙齿中，越靠近喙的牙齿越小，由此推断，它应该主要捕食小鱼和小型海生无脊椎动物。

翼手龙体形较小，翼展达1米，身长50~80厘米。它软质的头冠由一小块骨头支撑。

1784年，意大利古生物学家科西莫·亚历桑德罗·科利尼在巴伐利亚发现了第一块翼手龙化石，随后，这块化石引发了科学界对该物种鉴定的争论。科利尼曾对鸟类和蝙蝠的骨骼进行过细致研究，他推断这是一种飞行动物，但随后又认为这是一种生活在深海的动物。

直到1800年，法裔德籍古生物学家约翰·赫尔曼推断它的第四指是用来支撑翼膜的。

生活地区：大部分化石是在德国巴伐利亚州的索尔恩霍芬石灰岩中发现的。

命名：翼手龙的拉丁语属名为“*Pterodactylus*”，由两部分组成，前一部分“Ptero”的意思是“羽毛、翅膀”，后面部分的“dactylus”意思为“手指”。1809年，古生物学家居维叶首次为它命名。

纲：蜥形纲

目：翼龙目

科：翼手龙科

生活年代：侏罗纪晚期，距今1.508亿~1.485亿年。

风神翼龙

白垩纪

“小型飞机”

风神翼龙是迄今为止地球上最大的具有飞行能力的爬行动物，也是最大的飞行动物。15 米的翼展使它的体形就像一架小型飞机！它的颈部长得与身体不成比例，但据分析，风神翼龙的颈部不太灵活。

200 千克的体重或许让风神翼龙的飞行变得非常辛苦，此外，它的栖息地多为平原，飞行的时候没有任何助推条件。风神翼龙的颌骨上没有牙齿，至今为止，古生物学家仍然没有探明它的饮食习惯。有人说它以腐肉为食，但过长的颈部无益于食物的消化；也有人说它可能像现代的鹭一样捕食地面上的小动物。

受制于沉重的身体，风神翼龙在地上爬行的时候可能需要四爪并用。人们在森林里树的周围发现了一些风神翼龙幼崽的化石，古生物学家由此推断，这种动物在树上搭巢，它的幼崽有时会掉进树下的水潭里，在被淹死后留下了大量化石。

生活地区：今美国得克萨斯州。

命名：风神翼龙的拉丁语属名为“*Quetzalcoatlus*”，来自中美洲神话中的羽蛇神的名字“Quetzalcoatl”，它的形象是一条遍体长满绿色羽毛的蛇。

纲：蜥形纲

目：翼龙目

科：神龙翼龙科

生活年代：白垩纪晚期，距今 7000 万年。

南翼龙

南翼龙是翼手龙亚目的一种，从化石上来看，这种动物最直观的特点就是向上弯曲的长头骨，长度达 30 厘米！南翼龙的下颌骨上长有几百颗细如刷毛的牙齿，这些牙齿长在下颌骨特有的凹槽内，最长的牙齿可以达到 3 厘米，尽管坚硬却很灵活。古生物学家推测，这类牙齿可以帮助南翼龙将壳类生物、浮游生物和海藻等食物中的海水过滤出去。

南翼龙的块头是翼手龙的两倍，翼展达 2.5 米，尾部较长（22 根脊索），腿部有力，脚面宽大，这可以让它在大部分时间栖息于陆地和水中。

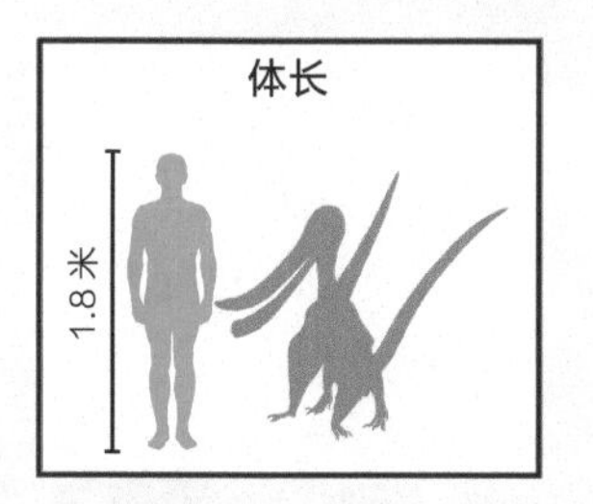

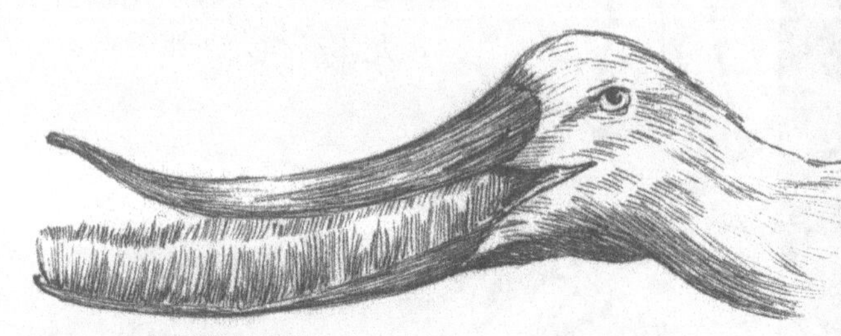

毛刷般的牙齿

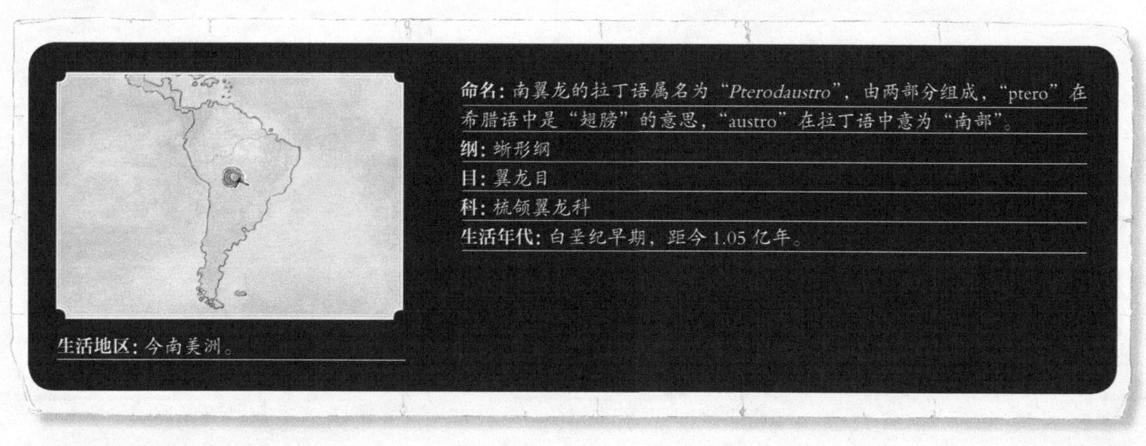

命名： 南翼龙的拉丁语属名为“*Pterodaustro*”，由两部分组成，“ptero”在希腊语中是“翅膀”的意思，“austro”在拉丁语中意为“南部”。

纲： 蜥形纲

目： 翼龙目

科： 梳颌翼龙科

生活年代： 白垩纪早期，距今 1.05 亿年。

生活地区： 今南美洲。

蜥臀目恐龙

恐龙分为蜥臀目与鸟臀目两大目。鸟臀目的介绍见本书第 120 页。蜥臀目恐龙长有爬行动物的骨盆，髂骨较宽，坐骨窄长，向后弯曲。蜥臀目恐龙包括所有的食肉恐龙，以及大部分的食草恐龙。

蜥臀目恐龙又分为以下两大类：

蜥脚类恐龙

兽脚类恐龙

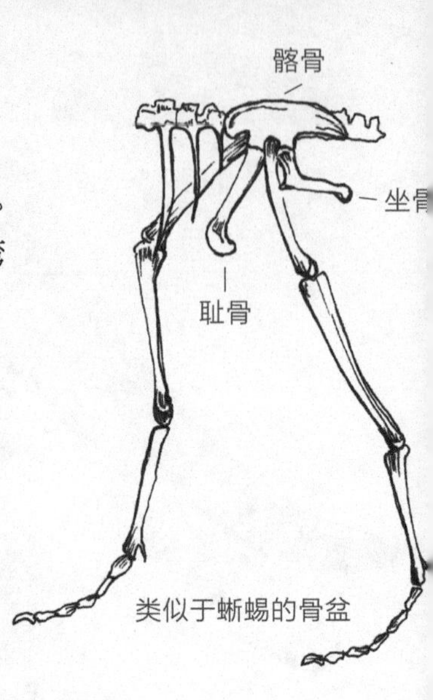

蜥蜴的脚

类似于蜥蜴的骨盆

蜥脚类恐龙

蜥脚类恐龙生活在三叠纪－白垩纪。它们是大型食草恐龙，长着长长的脖子、小小的脑袋和长长的尾巴。蜥脚类恐龙的牙齿呈铲形，用来嚼碎从原始树木上直接叼来的树叶。它们生活在陆地上，直接在地上搭巢产卵。它们的 5 根脚趾完全演化成了现代蜥蜴的脚趾形态。

这一类恐龙的体形都很大，最小的身长也达 5 米！

这类恐龙是动物王国中唯一体形超过小型蓝鲸的动物，也许是受体形的影响，它并没有演化出很多形态。

－有些被古生物学家称作梁龙，身体很长（可达 50 米），尾部呈鞭形。

－腕龙非常高，颈部很长。

－雷龙体形硕大，体重有 200 吨！

蜥脚类恐龙的脚趾

兽脚类恐龙

兽脚类恐龙是生活在三叠纪晚期（距今 2.3 亿年）、侏罗纪早期和白垩纪晚期（距今 6500 万年）的一大类恐龙。

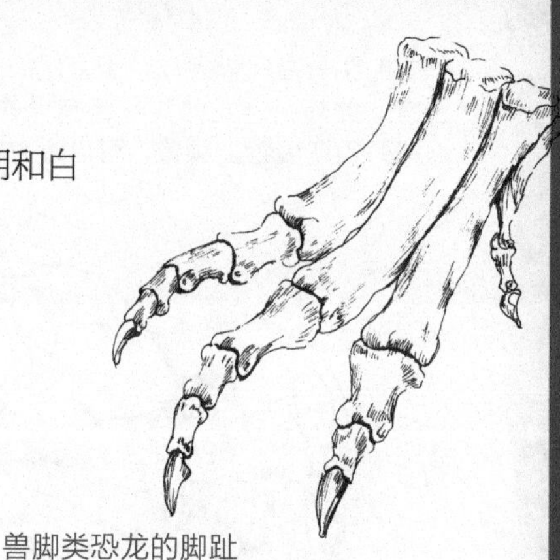
兽脚类恐龙的脚趾

这类恐龙又细分为以下几类：

- 棘龙
- 肉食龙
- 美颌龙
- 暴龙
- 手盗龙

……

所以说，兽脚类恐龙的涵盖范围非常广，这类恐龙的共同之处是爪子上都有 3 根脚趾接触地面，第四根小脚趾不接触地面。同时，它用两只后足行走，前爪则另有用途。几个世纪以来，古生物学家以为这类恐龙是一种靠尾部支撑行走的动物。然而，随着研究的深入，他们发现原来尾椎并不适合让尾部在地面上拖着走，也从没有发现任何尾部在地上被拉拽过的痕迹。事实上，在行走的过程中，兽脚类恐龙的尾部是抬起来的，与地面平行。

兽脚类大家族中的某些恐龙种类是根据饮食习惯来划分的。

- 镰刀龙专门食草，它的胃很强大，可以消化各种植物，头部很小，牙齿呈树叶状。
- 手盗龙是杂食动物。
- 棘龙则以鱼类为主食。

迄今为止，古生物学家在除南极以外的所有大陆上都发现过蜥脚类恐龙的化石。现在每年他们还会发现新品种恐龙的化石，其中有些恐龙的体形、身长和体重都创造了新的纪录。

异特龙

伶盗龙

腕龙

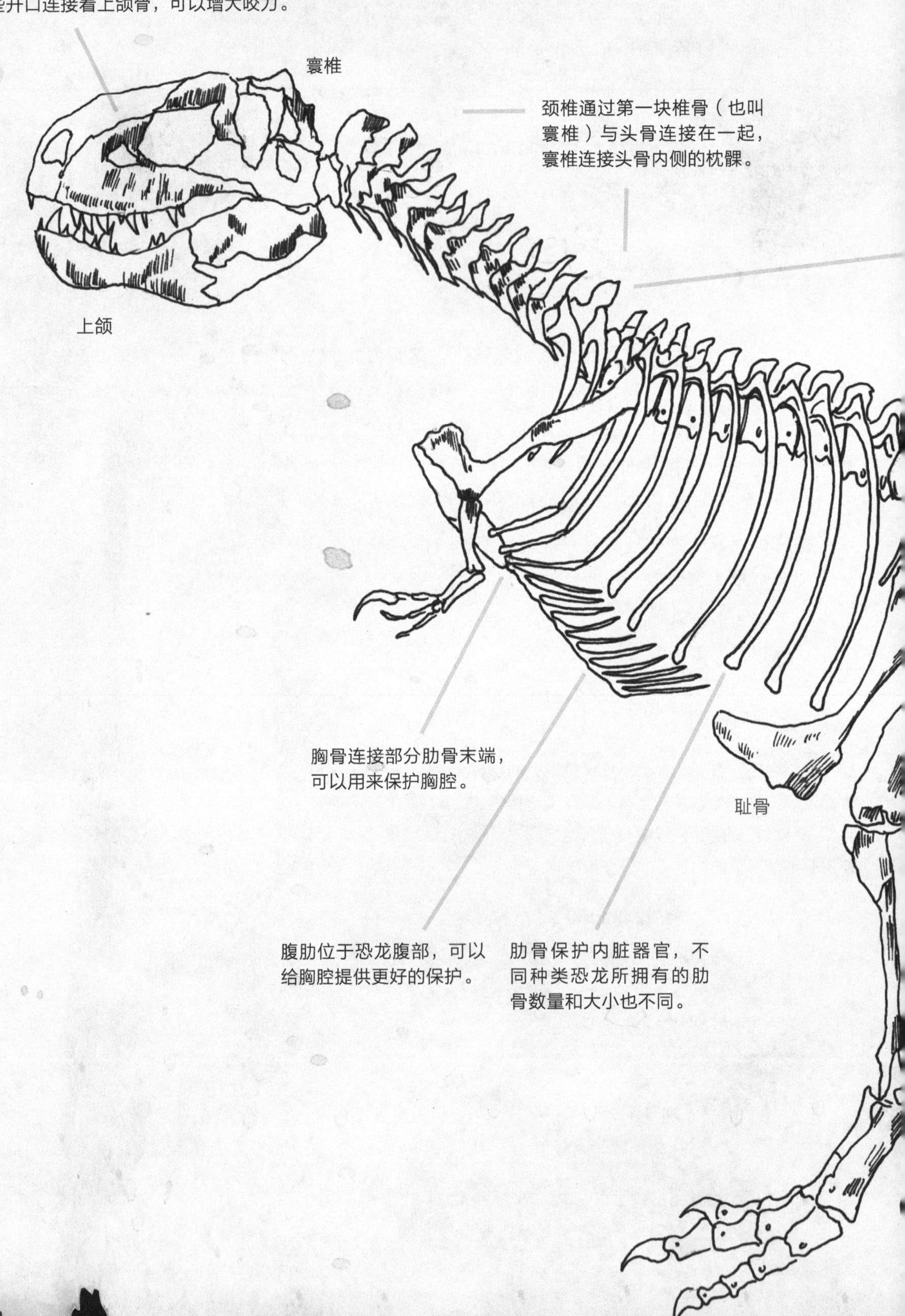
恐龙的头骨由扁骨组成，用来保护大脑和
五官。此外，恐龙的头骨还有一些开口，
这些开口连接着上颌骨，可以增大咬力。
寰椎
颈椎通过第一块椎骨（也叫
寰椎）与头骨连接在一起，
寰椎连接头骨内侧的枕髁。
上颌
胸骨连接部分肋骨末端，
可以用来保护胸腔。
耻骨
腹肋位于恐龙腹部，可以
给胸腔提供更好的保护。
肋骨保护内脏器官，不
同种类恐龙所拥有的肋
骨数量和大小也不同。

轴式骨架

恐龙的骨架是以脊柱为轴的。

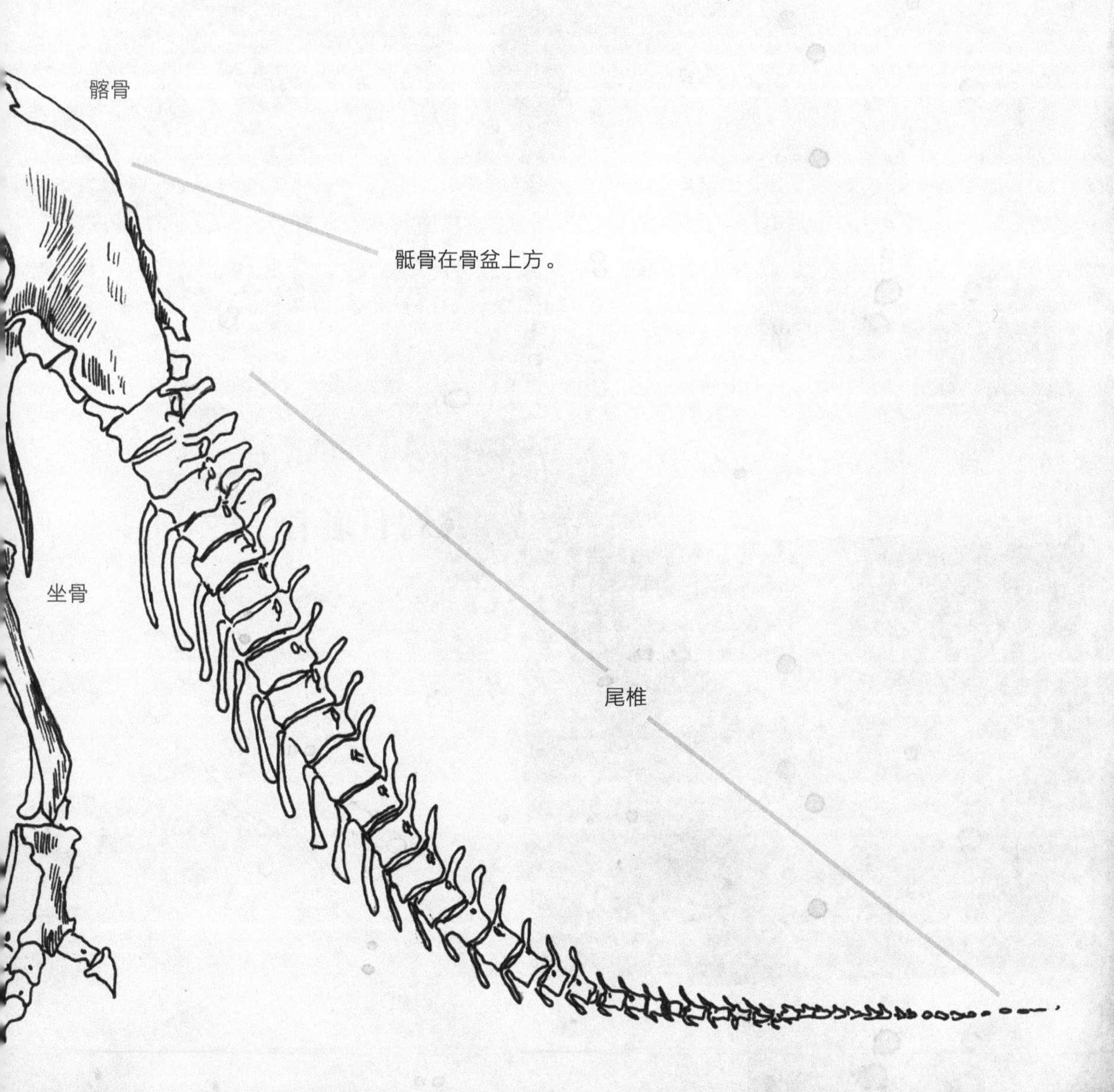

四肢骨架

不同种类的恐龙，前后肢也会有差别。而根据骨盆的形态，恐龙主要分为两类：

- 蜥臀目，骨盆类似于爬行动物，耻骨朝前；
- 鸟臀目，骨盆类似于鸟类，耻骨和坐骨平行。

蜥臀目耻骨

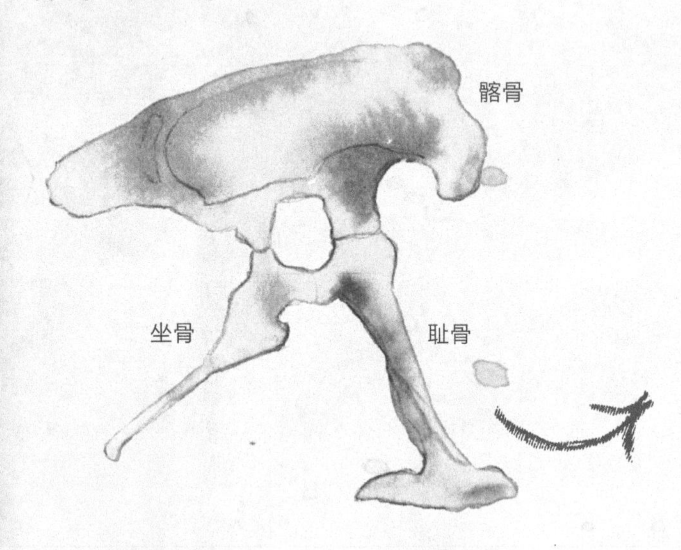

霸王龙的蜥臀目耻骨

鸟臀目耻骨

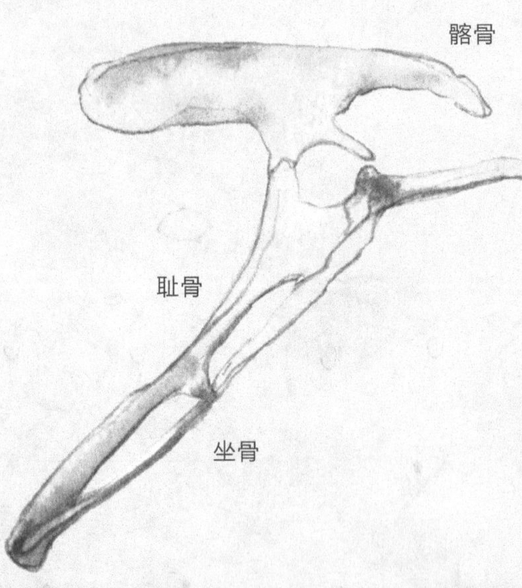

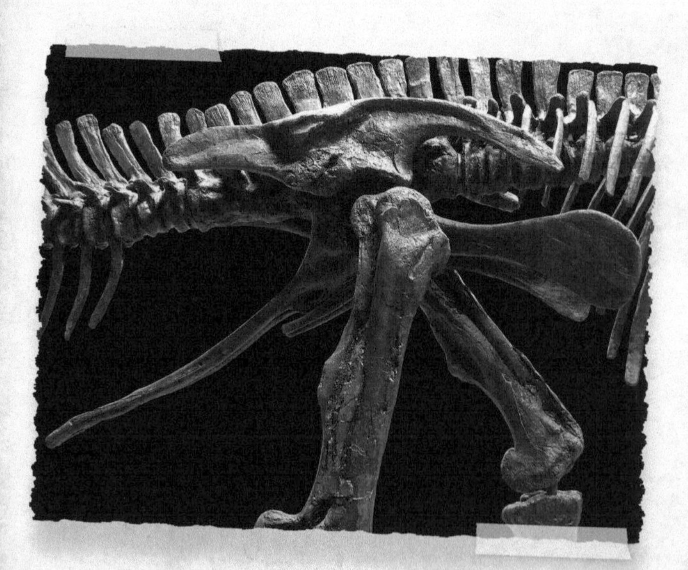

埃德蒙顿龙的鸟臀目耻骨

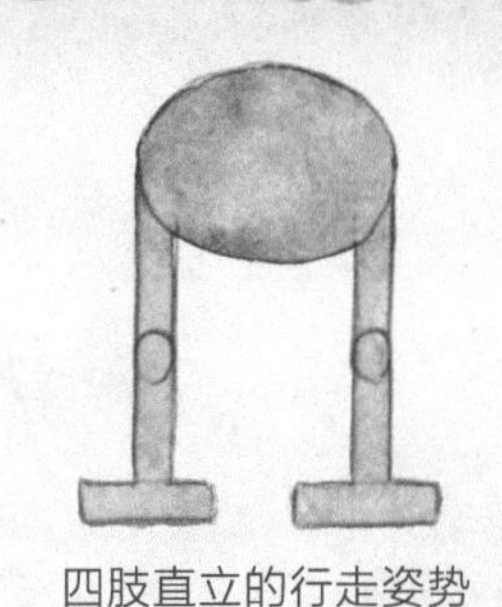

恐龙的后肢能像钟摆一样前后移动，它的躯干不用弯曲。

四肢直立的行走姿势（哺乳动物与恐龙）

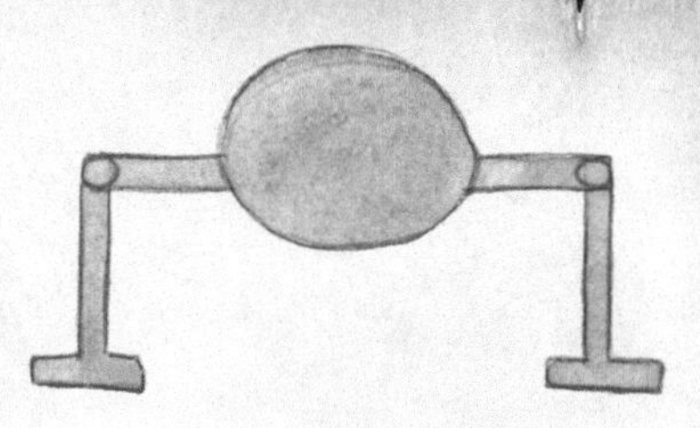

四肢侧弯的行走姿势（爬行动物）

特暴龙的骨架（兽脚类恐龙）

另外，由于不能全身着地，只有每个爪子的脚趾接触地面，恐龙还可以大步奔跑。

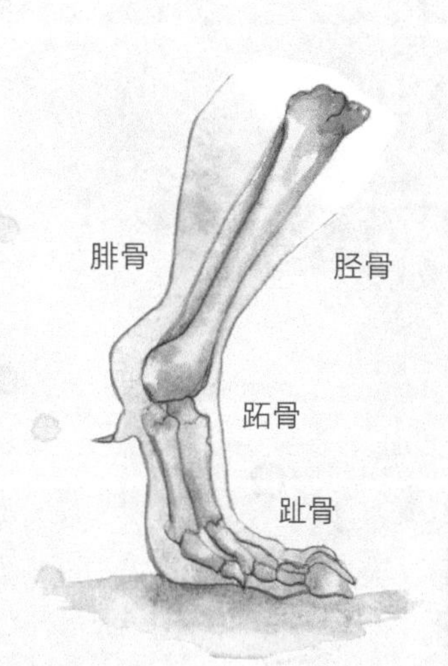

恐龙是冷血动物吗？

恐龙是不是冷血动物？这曾是古生物学家长期探讨的一个问题。脊椎动物靠以下两种方式来调节体温：

- 一种是靠外来的热源保暖，最常见的热源是太阳，这类动物叫作外温动物，也叫冷血动物或变温动物；
- 一种是动物自己可以调节体温，这类动物叫作温血动物，也叫热血动物或恒温动物。

尽管“恐龙”的名字意为“恐怖的爬行动物”，但理查德·欧文爵士在1800年提出，为了在陆地上生存，恐龙应该拥有类似于哺乳动物和鸟类的热血型体温调节系统。因此，尽管恐龙像爬行动物一样习惯于生活在阳光下，但阳光并不会使它的体温上升。20世纪末，部分学者提出了另一套理论：恐龙是需要靠晒太阳来取暖的冷血动物，不过，由于体形巨大，它可以像热血动物那样将吸收来的热量恒久保存。这种特性叫作巨温性，在大型爬行动物中比较常见。比如棱皮龟，它体长2米，体重在1吨以上；晒过太阳后，它能将太阳能储存在身体里，用以应对足够长时间的新陈代谢。这有点儿像充电电池的原理，棱皮龟甚至能够在冰冷的海水中保持恒温。这一理论似乎适用于大型恐龙，但在解释小型恐龙以及幼体恐龙的保温方式时就行不通了。古生物学家认为，小型恐龙应该拥有一套单独的保温系统。

阿根廷龙

恐龙也长……虱子！

恐龙身上的虱子与今天家畜身上的虱子相似，但体形要更大一些。

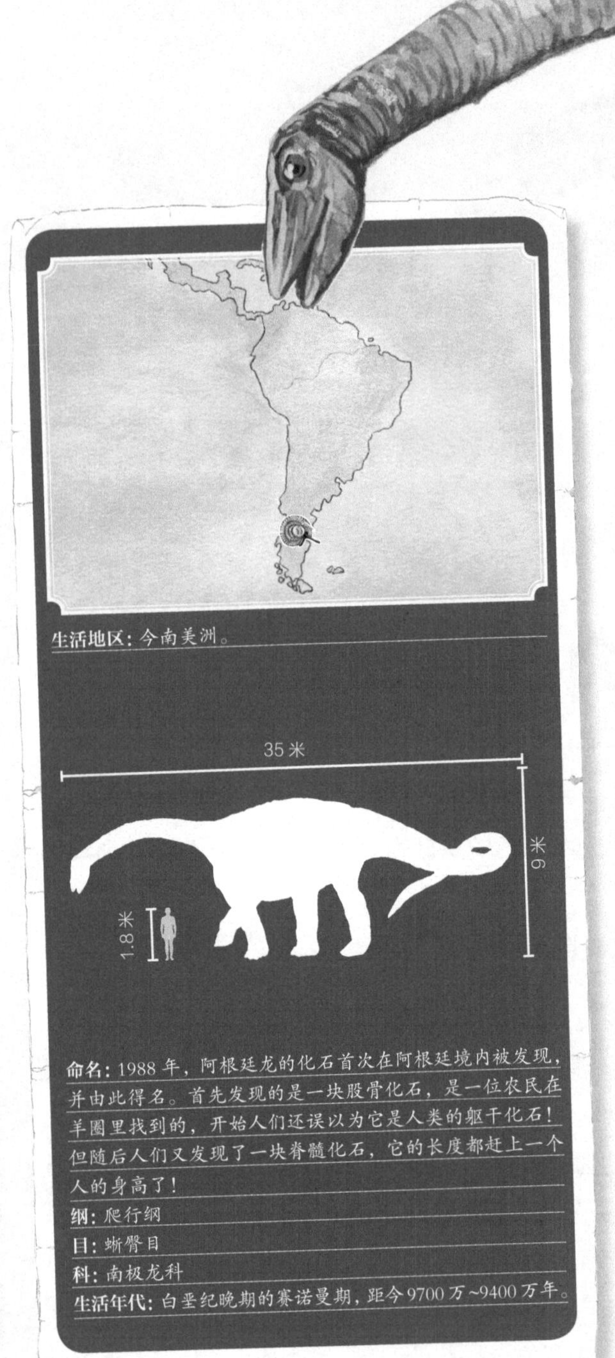

阿根廷龙的长脖子很粗，支撑身体的四肢非常粗壮，尾部较长，三角形的头骨较小。古生物学家曾将阿根廷龙的体形与魁纣龙、巨兽龙和梁龙等大型恐龙进行对比，得出的结论是：阿根廷龙是迄今为止最大的恐龙。这些大型食草动物每天至少要吃下一吨植物，这个量级相当于一辆双层公共汽车的体积！

此外，阿根廷龙的心脏应该非常强健，因为它需要向包括尾部和头部在内的身体各个部位供血。

目前为止发现的最大恐龙

法兰克福森根堡自然博物馆还原的阿根廷龙形象

阿根廷拉布拉达博物馆中收藏的阿根廷龙股骨

尽管只找到了阿根廷龙整副骨骼的十分之一，古生物学家还是得以还原了这种恐龙的形象：这个庞然大物身长35~40米，体重约为100吨！

雷 龙

“打雷的蜥蜴”

雷龙是一种体形巨大的恐龙，长长的颈部与呈鞭状的尾部的长度相当。最大的雷龙体重达 15 吨，头部到尾部的长度达 22 米。

古生物学家过去认为，雷龙由于体形巨大，四肢无法支撑全身的体重，由此他们做出推断：部分雷龙可能是水生的，因为在水中它们要支撑的重量会减少很多。此外，雷龙长长的脖子使它在深陷沼泽时也能呼吸到空气。但之后的研究表明，这种动物只生活在陆地上。

在部分雷龙化石中，古生物学家发现了类似鸟类气囊的器官，他们认为，这种器官也许能够降低体重，还可用作迅速冷却身体的气垫。

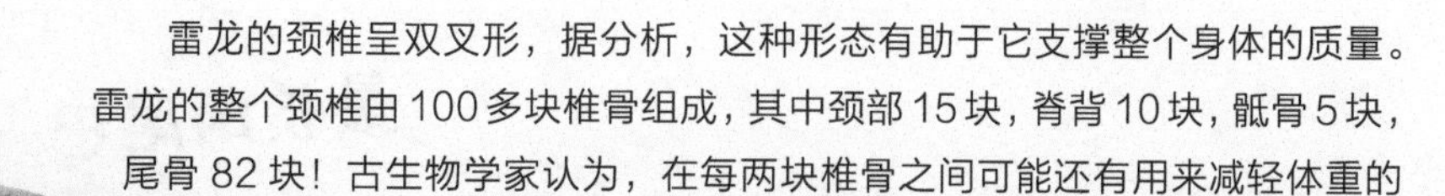

雷龙的颈椎呈双叉形，据分析，这种形态有助于它支撑整个身体的质量。雷龙的整个颈椎由100多块椎骨组成，其中颈部15块，脊背10块，骶骨5块，尾骨82块！古生物学家认为，在每两块椎骨之间可能还有用来减轻体重的气囊。雷龙尾部末端的功能类似于鞭子。与梁龙科的其他恐龙类似，雷龙的尾椎也呈V字形，这种形状也许可以防止尾椎在支撑尾部和后腿时压迫尾部的血管。

雷龙的柱形四肢非常强壮，能够支撑沉重的身体：它的前肢比后肢要短。雷龙的后脚趾上只有一块趾甲，这块趾甲可能用来御敌，也可能用来挖地。

胸饰雷龙的左前肢，现收藏于摩里逊的自然历史博物馆中

古生物学家还需要搞清楚雷龙颈部的位置。蜥脚类恐龙不能纵向将颈部抬高，因为它的颈椎非常不灵活，最多能将颈部抬到与肩同高。因此，在半松弛的情况下，雷龙的颈部一般是与地面平行的，它靠尾部来保持全身的平衡。雷龙的颈椎应该非常强健，可以承受重击，因此，古生物学家推断雷龙很可能像长颈鹿一样利用长脖子来进行搏斗。

通过观察化石，古生物学家认为，蜥脚类恐龙的行走速度为20~40千米/天，奔跑速度为20~30千米/时。为什么它行动起来这么慢呢？一个确定的原因是它需要用四肢来支撑巨大的体重，因此奔跑起来并不方便。

蜥脚类恐龙后脚趾上唯一的趾甲也让古生物学家摸不着头脑：有人认为它是用来防御和打斗的，也有人认为它是用来挖土觅食或建巢的。

梁　龙

最长的尾巴

梁龙的颈部出奇得长（10~12 米），行动时几乎与地面平行。

生活地区：今美国怀俄明州和犹他州摩里逊岩层的启莫里阶。

命名：梁龙的拉丁语属名"*Diplodocus*"是由两个古希腊单词衍生的新拉丁词汇组成的，"diplos"意为"双份"，"dokos"意为"横梁"，这种恐龙的尾部下方长有两根梁骨。该命名由古生物学家奥塞内尔·查利斯·马什首创。

纲：蜥形纲

目：蜥臀目

科：梁龙科

生活年代：侏罗纪晚期，距今 1.54 亿 ~1.52 亿年。

梁龙体形巨大，身长超过 20 米，体重约 10 吨。由于梁龙骨骼较空，它比同类恐龙要轻很多。

梁龙的前爪比后爪要稍短一些，这使它只能水平行走，依靠尾部来平衡颈部的质量。

目前，古生物学家还没有搞清梁龙的面目特征究竟是什么样子，因为事实上人们还不能完全确定所发现的头骨就是梁龙的头骨。梁龙的颅骨非常小。梁龙长在颌骨上的牙齿呈叶形，牙尖朝前。颈部由 15 块椎骨组成，不能完全朝水平方向伸展，但一般颈部会伸得比肩部稍微高一点。近年发现的化石显示，梁龙像现代鬣蜥一样拥有棘状鳞。

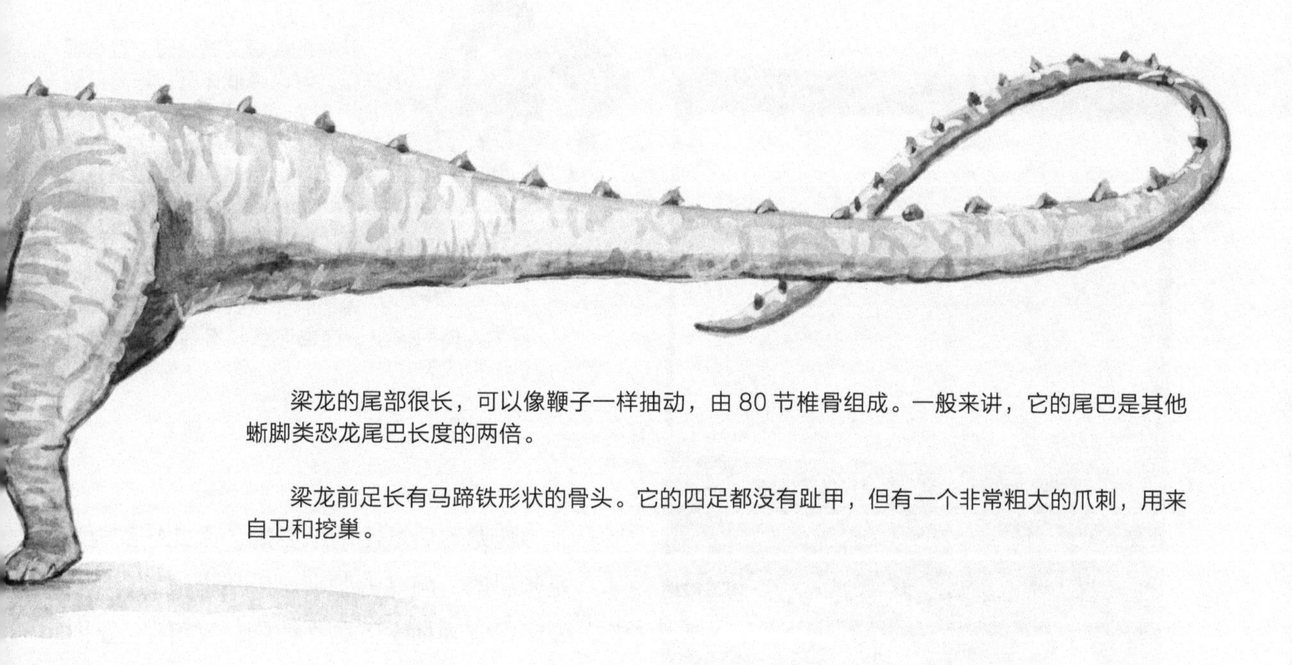

梁龙的尾部很长，可以像鞭子一样抽动，由 80 节椎骨组成。一般来讲，它的尾巴是其他蜥脚类恐龙尾巴长度的两倍。

梁龙前足长有马蹄铁形状的骨头。它的四足都没有趾甲，但有一个非常粗大的爪刺，用来自卫和挖巢。

摩里逊岩层与“恐龙化石热”运动

摩里逊岩层由黏土、沙土和石灰岩组成，面积达 150 平方千米，位于美国西部的怀俄明州和科罗拉多州，只有部分区域对考古工作者开放。19 世纪末期，奥塞内尔·查利斯·马什和爱德华·德林克·柯普两位古生物学家在当地掀起了一股“恐龙化石”挖掘热。

远古时期，当地的气候干燥，与热带稀树草原的气候相似。植被由针叶树等原始树木组成，同时有多条河流经过，水陆生物种群都非常丰富。除了昆虫、鱼类、龟和鳄鱼外，还有大批的恐龙，特别是蜥脚类恐龙和兽脚类恐龙。

奥塞内尔·查利斯·马什在北美地区发现了第一批翼龙化石与原始马类化石，此外，他还发现了异特龙、角鼻龙、梁龙、雷龙、三角龙和剑龙等著名恐龙的化石。

爱德华·德林克·柯普一生中描述了千余种新生物以及多种已灭绝的脊椎动物，其中包括 56 种恐龙，如圆顶龙、腔骨龙等。

腕　龙

腕龙的头骨又高又短，且有很多开口，可以降低体重。与鼻梁相比，腕龙的鼻孔位置较为靠后，这种构造可以让它在进食的同时还能呼吸，防止树叶进入鼻孔。腕龙的食物以嫩草为主，它在咀嚼时会吞入一些石子来促进胃部消化。腕龙的大脑位于头骨内，体积很小，这也许意味着腕龙是一个不折不扣的天才！

腕龙的后爪比前爪要短，因此它的脊背是倾斜的。腕龙的颈部可以抬得很高，因此既可以吃到地上的蕨类植物，又可以吃到树上的叶子。也是因为这个原因，人们常把它与现代的长颈鹿进行对比，尽管身长约25米的它比长颈鹿要硕大得多。

腕龙的头部可以够到13米的高度，是长颈鹿的两倍。同样惊人的还有它的体重，据分析，腕龙的体重可能超过80吨，相当于13头非洲象加在一起的体重总和！不过，部分古生物学家对腕龙的体重持保守意见，认为它的体重不超过30吨。

腕龙的肋骨也有气口，同样用于减轻体重。

腕龙惊人的股骨照片：一块股骨有一个成年人那么高！肱骨还要更长呢！

欧罗巴龙

欧罗巴龙属于腕龙科，主要生活在德国北部的一座岛屿上。

与很多生活在海岛上的动物一样，欧罗巴龙也面临着生存条件的局限性，因此也害上了所谓的岛屿侏儒症，这使得它的身长只有 2~6 米。

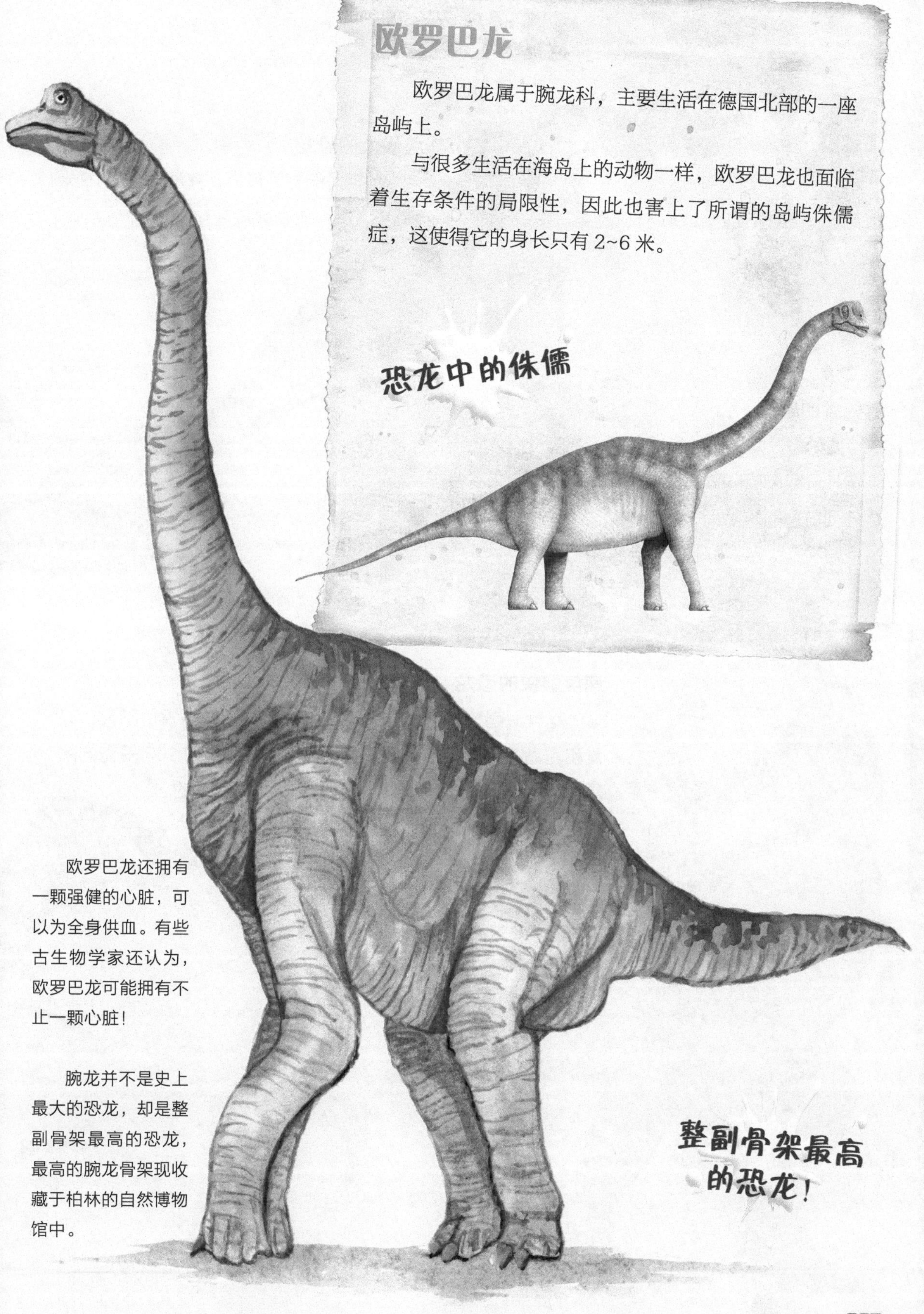

欧罗巴龙还拥有一颗强健的心脏，可以为全身供血。有些古生物学家还认为，欧罗巴龙可能拥有不止一颗心脏！

腕龙并不是史上最大的恐龙，却是整副骨架最高的恐龙，最高的腕龙骨架现收藏于柏林的自然博物馆中。

恐龙之最

翅膀最大的恐龙

风神翼龙的翅膀最大，翼展达 11~15 米！

最凶猛的恐龙

要说霸王龙是最凶猛的恐龙，绝对没有人觉得是在开玩笑：它的咬力放到全世界的生物中来看都是名列前茅的。然而，霸王龙并不总是捕食活物，古生物学家认为，有时它也会食用动物的尸体！

速度最快的恐龙

尽管似鸸鹋龙的模样既不像猎豹，又不像格雷伊猎犬，只是和鸵鸟有几分相似，但它凭借 3.5 米的身长和 100 千克的体重，却可以达到 65 千米 / 时的速度。格外发达的后爪和敏锐的视觉，让它可以在白垩纪时期的北美大陆从容地摆脱猛兽的追击。

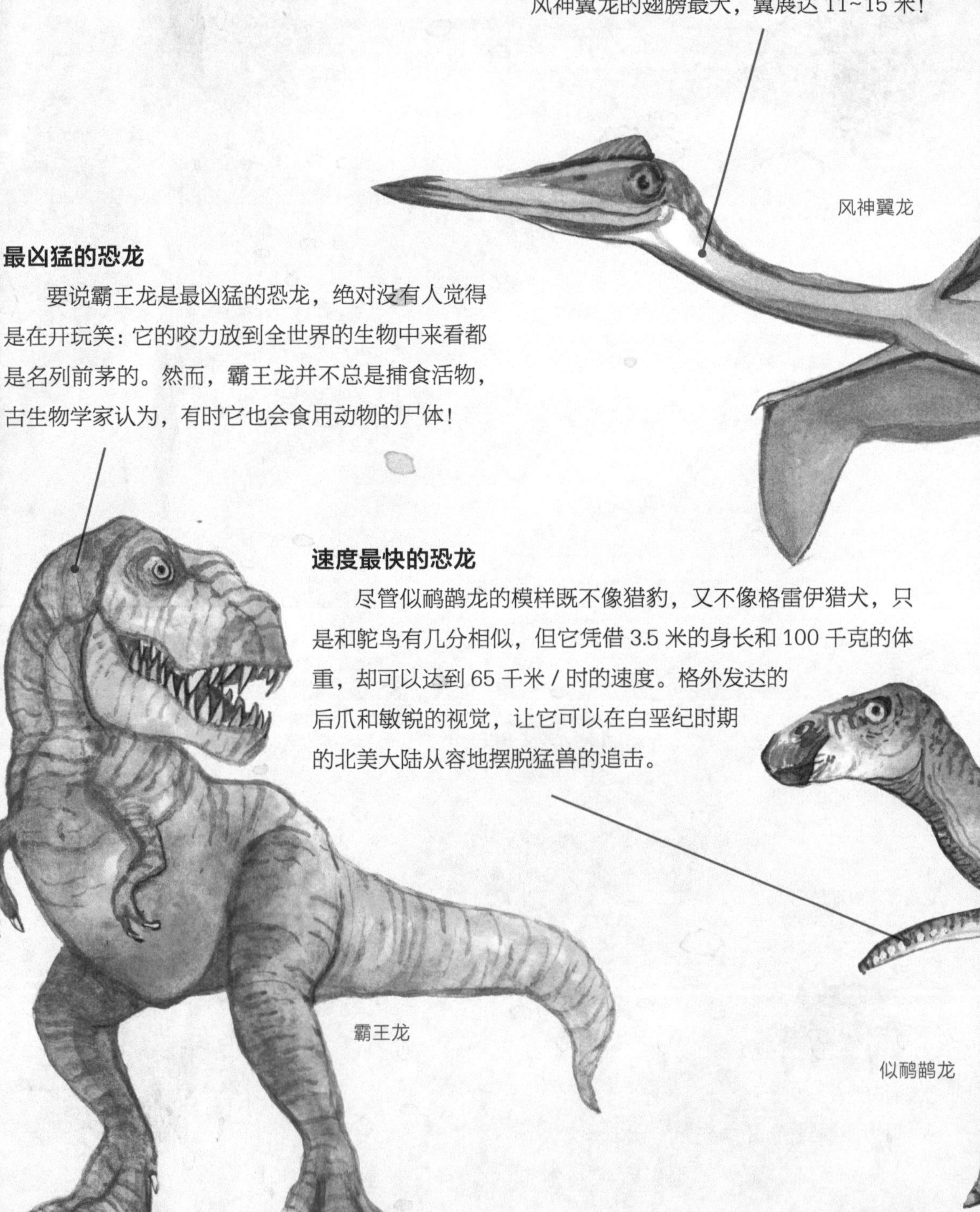

最愚蠢的恐龙

据分析，在目前已经发现的恐龙中，最愚蠢的应该是剑龙。剑龙身长 7 米，体重 2 吨（全身的棘刺占体重的较大比重），大脑的体积却只有核桃仁那么大……不过想想看，剑龙既然能够与比它更聪明、更好斗的恐龙们一起生活 1000 万年，多少还是值得尊重的吧。

分布最广的恐龙

禽龙是食草恐龙，身长超 9 米，是今欧洲、亚洲和北美洲最常见的恐龙，它生活在白垩纪的草原地带。正是由于分布广泛，禽龙成为很多食肉恐龙的猎物。

禽龙

剑龙

最长和最高的恐龙

说起来似乎有点奇怪，但对于古生物学家来讲，确实很难讲哪种恐龙的身体是最长的。事实上，人们并没有找到很多大型恐龙的完整骨架，因此，只能根据部分骨骼来推算恐龙的完整结构。

阿根廷龙

比如在阿根廷，人们就发现了阿根廷龙的巨型脚印，并据此推断这是一种身长 35~40 米、体重约 100 吨、脊骨长度超过 1.5 米的恐龙。阿根廷龙主要在阿根廷境内活动，以针叶树的树枝为食。

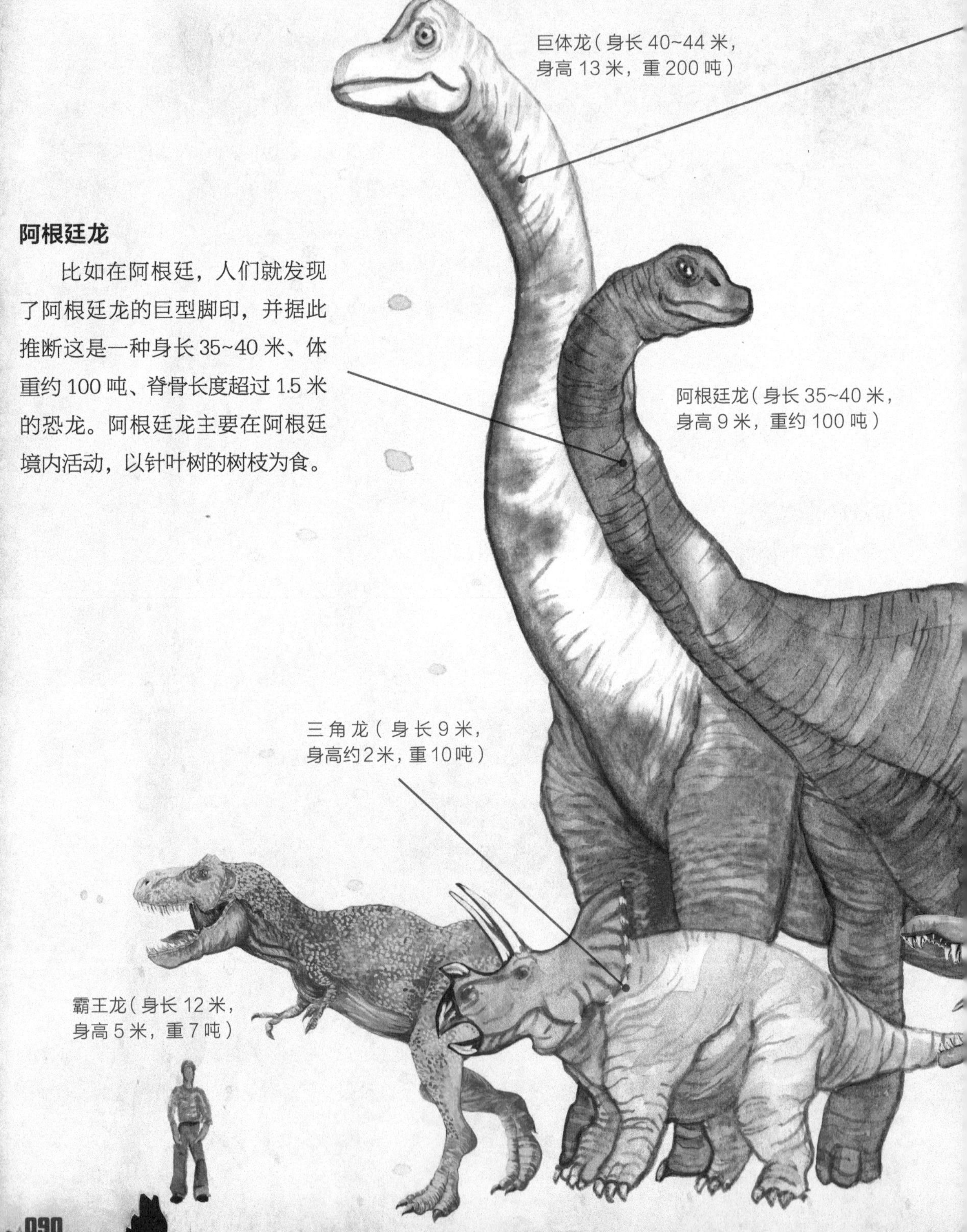

巨体龙

古生物学家在印度南部发现了巨体龙（拉丁语属名为“*Bruhathkayosaurus*”，前一部分“Bruhathkayo”在梵语中意为“巨大的”，“saurus”在拉丁语中意为“蜥蜴”）的一块股骨、一块椎骨和一块桡骨的化石，从比例上来看，这种恐龙可能比阿根廷龙还要大，身长达 40~44 米，体重超过 200 吨！

腕龙

在已挖掘出的具有完整骨架的恐龙中，腕龙被认为是最大的恐龙。最漂亮的一副腕龙骨架是在非洲发现的，现存于柏林自然科学博物馆中。不过，腕龙的体形纪录随后被其他一些只找到部分骨架的恐龙打破了。

南边巨兽龙

南边巨兽龙是地球上最大的食肉动物之一，生活在白垩纪时期的今阿根廷地区。尽管人们认为霸王龙是最大的食肉恐龙，但从现在的情况来看，南边巨兽龙的体积可能比霸王龙还要大。

棘龙

棘龙是最大的兽脚类恐龙之一，它的身长超过了霸王龙和南边巨兽龙，但身高不及这两种恐龙。

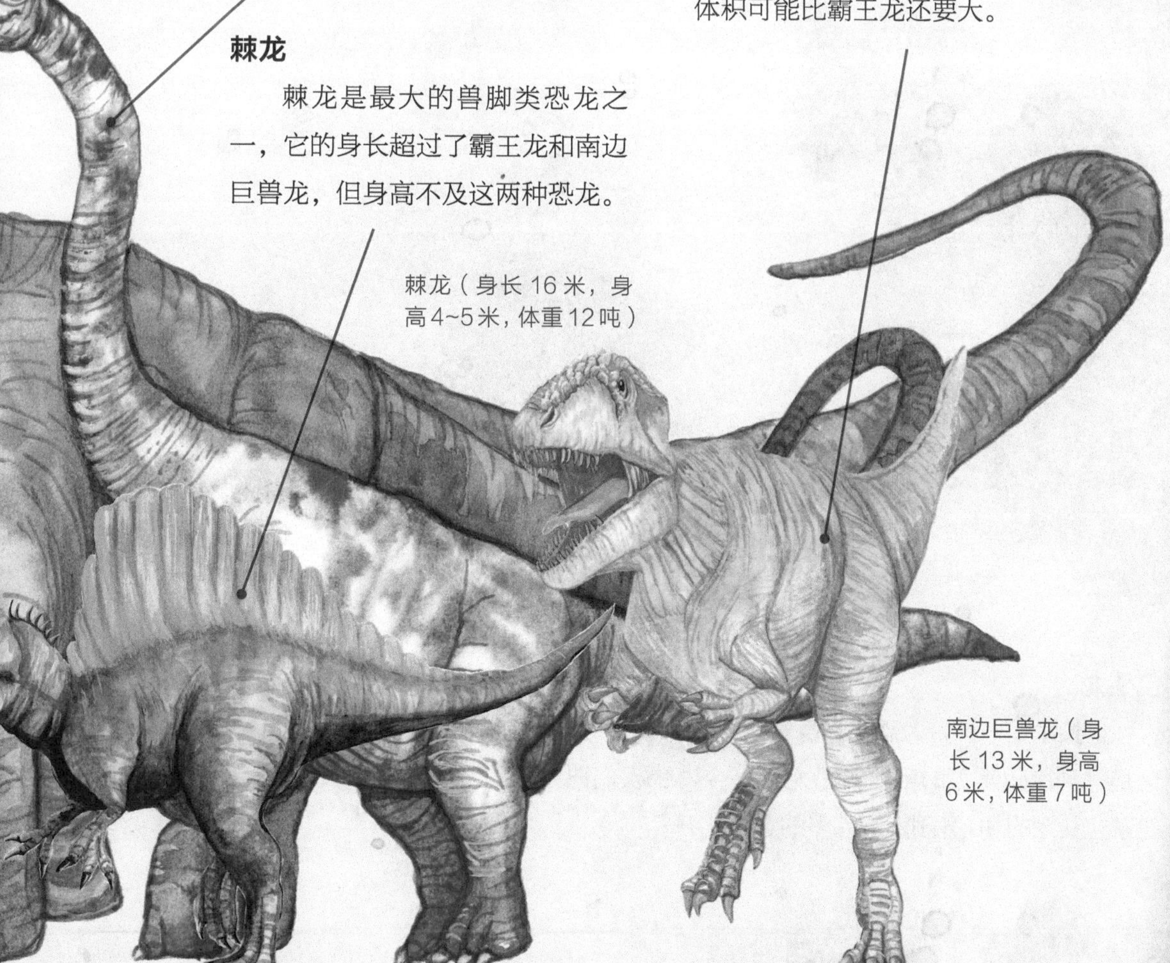

腕龙（身长 20~23 米，身高 12~13 米，体重 80 吨）

棘龙（身长 16 米，身高4~5米，体重12吨）

南边巨兽龙（身长 13 米，身高 6米，体重7吨）

最长的尾巴

剑龙

剑龙的尾部末端有 4 个尖，形状就像狼牙棒，这是它在搏斗中的致命武器，可以挥动打击对手。

剑龙

包头龙
（尾部呈棒状）

恐爪龙

包头龙

包头龙是一种带壳恐龙，身长达 6 米，体重约 3 吨。这是一种比较常见的甲龙科恐龙，迄今为止人们已经发现了包头龙的 40 多副接近完整的骨架化石。

梁龙

梁龙是一种侏罗纪早期生活在今北美洲的蜥脚类恐龙，在所有恐龙中，它的尾巴是最长的。梁龙的尾骨呈 V 形，位于尾椎下侧，尾长 15 米，可以用作武器抽打对手。

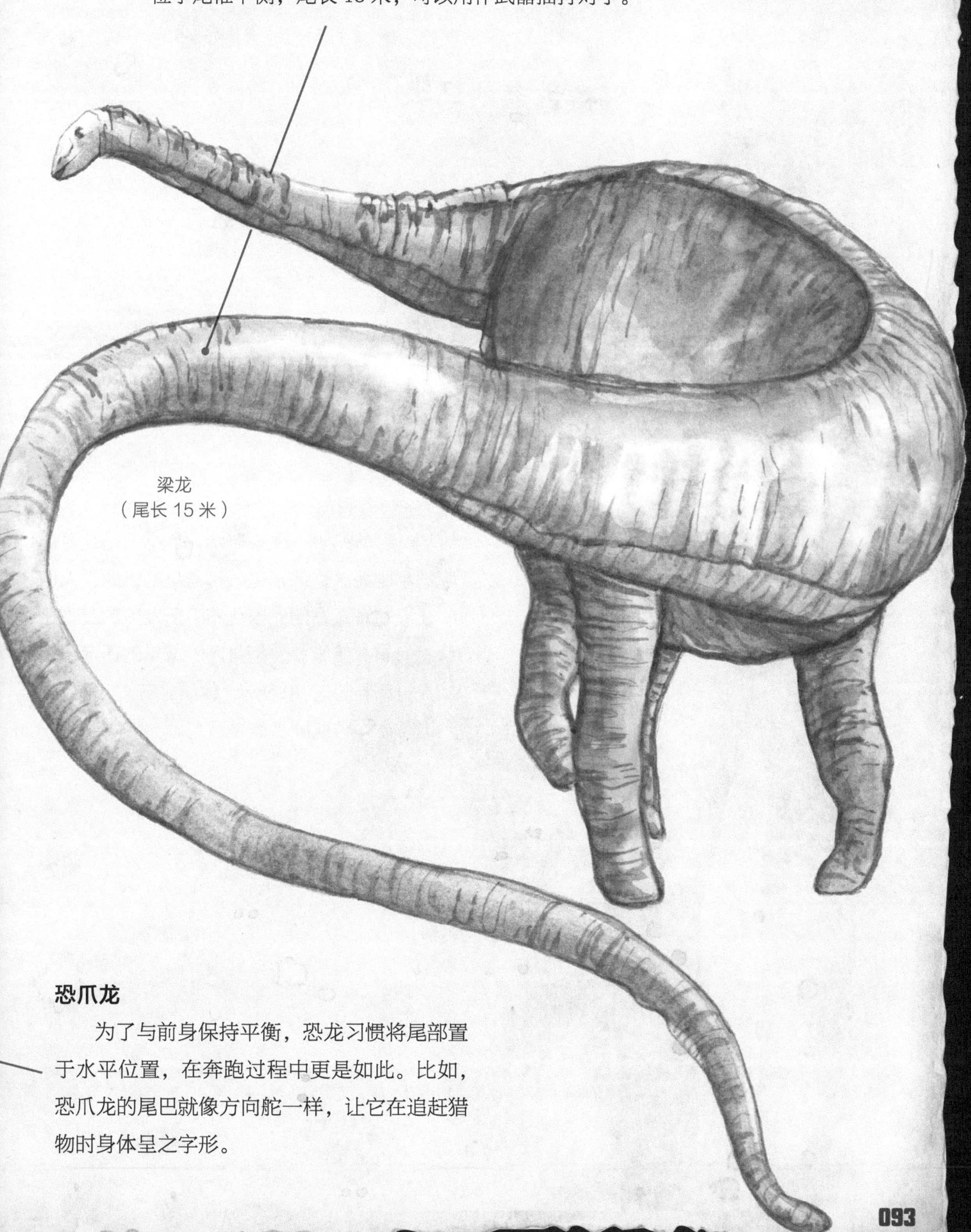

恐爪龙

为了与前身保持平衡，恐龙习惯将尾部置于水平位置，在奔跑过程中更是如此。比如，恐爪龙的尾巴就像方向舵一样，让它在追赶猎物时身体呈之字形。

最小的恐龙

有时，古生物学家还会发现比常规恐龙体形要小的幼年恐龙，除了身材不同外，幼年恐龙的头和爪子占整个身体的比例也相对较大。

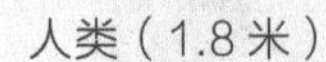

人类（1.8 米）

最古老的鸟类

始祖鸟（身长 35~50 厘米，身高 25 厘米，体重 1 千克）

目前的研究成果显示，最小的恐龙是遥远小驰龙。这并不是一种常见的恐龙，人们还没有发现它的完整化石，所发现的股骨化石只有 5 厘米长。据推断，成年的遥远小驰龙身高不超过 40 厘米，体重只有 1.5 千克！这种恐龙与亚洲鸟类是近亲。

遥远小驰龙
（身高 40 厘米）

小型兽脚类恐龙可能是群居的，但目前还没有找到它们群体捕猎的化石来证明这一观点。此外，恐龙在组团捕猎时也不太可能出现集体同时死亡的情况！

所以，上述观点还停留在理论层面！

坚尾龙类恐龙

蜥臀目兽脚亚目恐龙中囊括一类被古生物学家称为“坚尾龙类”的恐龙，顾名思义，这种恐龙的尾部都比较坚直，由大量尾骨和骨化跟腱组成，与其他恐龙有明显的区别。比如，梁龙的“鞭”形尾巴就与这类恐龙完全不同。坚尾龙类的另一个特点是前爪都有 3 根指头，每根指头上都有可以抓取猎物的指甲。

棘　龙

棘龙科恐龙是以鱼类为主食的蜥臀目兽脚类食肉恐龙，体形较大，靠两足行走。与其他兽脚类恐龙不同的是，棘龙的头骨更长，与鳄鱼类似，牙齿呈锥状。棘龙科恐龙也是一类坚尾龙，前爪上有 3 根指头，每根指头上都长有异常锋利的指甲，特别是拇指的指甲，形似镰刀。

“棘龙”的拉丁语属名是“*Spinosaurus*”，意为“带刺的蜥蜴”。它的脊背上长有骨质背帆，迄今为止，古生物学家仍然没有搞清楚背帆的用途。

有人认为棘龙的背帆是一种体温调节计，需要吸收阳光时就呈垂直状，需要散热时就呈水平

棘龙是一种白垩纪时期生活在今北美地区的食肉恐龙。1911 年，德国古生物学家恩斯特 · 斯特莫发现了棘龙的骨架化石，并将其存放在德累斯顿自然历史博物馆中。可惜的是，该博物馆随后遭遇炸弹袭击，棘龙化石毁于一旦。不过，近年来，古生物学家又在摩洛哥发现了新的棘龙化石，并根据这些化石推测出了棘龙的形象。

状；也有人认为，棘龙的背帆是在打猎或求偶时向猎物或同类竞争者示威用的；还有人认为，棘龙的背帆类似于骆驼的驼峰，是用来储存脂肪的。

尽管棘龙长有像鳄鱼一样的颌骨，理论上可以食用多种中小型猎物，但它主要还是以鱼类为食。除了鱼鳞之外，古生物学家在一些棘龙的胃部化石中，还找到了一些未被消化完全的小型恐龙骨头。棘龙很可能是体形最大的兽脚类恐龙之一，身长超过暴龙，达到了 15 米以上。头骨细长，形状类似鳄鱼的头骨；锋利的牙齿可以捕食鱼类和小型陆生猎物。所谓的棘刺不过就是脊椎的延伸，长度达 1.5 米，很可能由皮肤连接覆盖，呈帆状。有古生物学家认为，棘刺用以支撑背帆里储存的脂肪。

如果说兽脚类恐龙用双足行走，那么棘龙有时则会用四足行走。有些学者认为，棘龙至少可以用四肢蹲坐。与其他兽脚类恐龙一样，棘龙的前爪掌面无法朝下支撑身体，但可以用掌的侧面支撑。

似鳄龙

披着鳄鱼皮的恐龙

似鳄龙的化石于 1997 年在撒哈拉沙漠被发现，它长长的鼻骨与鳄鱼的鼻骨相似，前后牙齿可以完美咬合。在河岸边，似鳄龙会像现代的灰熊一样把牙齿和前爪指甲露在水面上。截至目前，人类发现的最大的似鳄龙身长超过 11 米，但古生物学家认为，不排除存在更大体形的似鳄龙。似鳄龙与重爪龙形态相似，部分古生物学家也认为这两种恐龙同属一类。

异特龙

很多关于恐龙的电影和动画片都以霸王龙为主角，但我们要知道，在霸王龙出现之前，就已经存在大型食肉恐龙了，它们的体形比霸王龙大得多。古生物学家将这些恐龙称作“恐龙界的狮子”，因为它们处于侏罗纪时期的食物链顶端，可以看作超级捕食者。很多异特龙的化石都是在摩里逊岩层（见 85 页）发现的，其他化石则是在美国之外的其他大陆找到的。

部分研究者也将异特龙命名为广义上的肉食龙，其轻窄的头骨上有很多很宽的开口。与霸王龙相比，异特龙的颌骨更脆弱，但更加灵活，后爪肌肉发达，前爪有三指，每指都长有指甲。

巨兽龙

巨兽龙的化石是在巴塔哥尼亚发现的，它因体形硕大而得名（其拉丁语属名“*Giganotosaurus*”意为“南部的巨大蜥蜴”）。巨兽龙身长 13 米，体重 8 吨，体形要比霸王龙大得多。它们生活在 9000 万年前的白垩纪晚期。

异特龙骨架化石，现存于巴伦西亚自然科学博物馆

指甲问题

对于那些没有演化出可抓取物体的爪子的动物来说，指甲便成了最有效的武器。不同动物因生活习性不同，指甲的形态也各异。

在所有恐龙中，兽脚类恐龙的爪子最尖锐：每种兽脚类恐龙都有特殊的指甲，这些指甲可以用来适应特定的捕猎环境。兽脚类恐龙的指甲主要用来撕裂猎物，也能与敌人和同类竞争者进行搏斗。

在所有恐龙中，恐爪龙的指甲算是最“漂亮”的了（它的拉丁语属名“*Deinonychus*”的意思就是“恐怖的指甲”）。它的指甲位于后爪中部，可以 180 度旋转，锋利得可以插入猎物肉体的深处，同时还可以向后收缩。一般来讲，为了让指甲保持锋利，恐爪龙只在需要的时候才会把指甲露出来。

镰刀龙的指甲呈镰刀状，长达 50 厘米。据推测，镰刀龙主要以昆虫和植物为食，它的指甲应该更多是用来抵御捕食者的。

重爪龙［拉丁学名“*Baryonyx*”（重爪龙属）的意思是“重的指甲”］的指甲非常有力，可以在溪流中捕捉鱼类。

鸟脚类恐龙的指骨较平，很多指骨呈马蹄形。

得益于两足直立的能力，梁龙用前爪和前爪的指甲抓取高处的树枝，同时也用其防御捕食者。

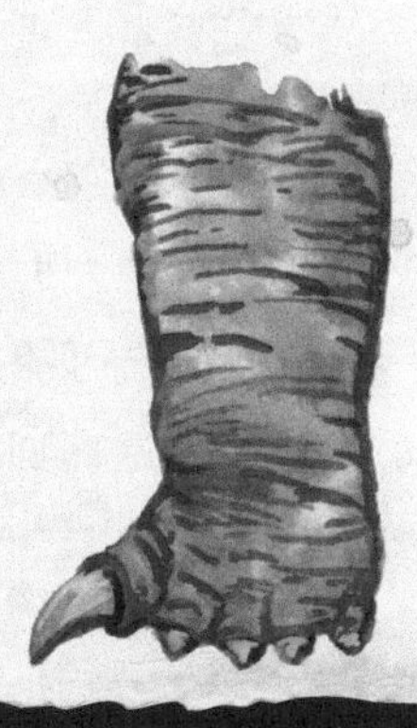

禽龙前爪上的“拇指”像钉子一样尖锐，据分析，这个尖刺应该是一把利器。有些食草类禽龙用它来挖地，寻找块茎和植物的根；也有的禽龙用它来挖地建窝。

异特龙

侏罗纪

生活地区：今北美洲、非洲和欧洲西南部。

7.5 米

1.8 米

命名：异特龙的拉丁语属名“*Allosaurus*”由两部分组成，“allo”源自希腊语，意为“不同的、奇特的”，“saurus”的意思是“蜥蜴”，因此整个单词的意思是“不同的蜥蜴”。

目：蜥臀目

科：异特龙科

生活年代：侏罗纪，距今 1.55 亿 ~1.45 亿年。

异特龙的头骨化石

三指爪

异特龙前爪很短，每爪有三指，每指还长有弯长锋利的指甲。最内侧指可以外翻。

异特龙是一种巨大的食肉恐龙，它的第一块化石由著名古生物学家奥塞内尔·查利斯·马什在北美地区的摩里逊岩层（见 85 页）发现。

异特龙的化石是迄今为止保存比较完整的兽脚类恐龙化石。除了体形之外，异特龙在各方面都可以与霸王龙媲美。虽然它身长只有 8 米，体格却格外健硕。异特龙的颈部较短，支撑着粗大的头骨；尾部较长，且肌肉发达，呈水平状态，用以维持整个身体的平衡。

部分古生物学家将异特龙与现代的狮子进行对比，这种大型食肉恐龙位于食物链顶端。据推测，它可能是群体捕猎，最常捕食的动物很可能是鸟脚类恐龙、剑龙和大型蜥脚类恐龙。

“像鹰隼一样进食”

异特龙的牙齿边缘呈锯齿状，越靠近头骨的牙齿越短越细。由于要用来捕猎，异特龙的牙齿可能会损坏或脱落，但很快又会有新牙长出来。也是由于这个原因，在摩里逊岩层很容易发现异特龙的牙齿。

异特龙的头骨上有两个与眼眶相比微微突起的角，这两个犄角是泪骨的延伸，规格因个体差异而不同。此外，异特龙还有一个沿着鼻骨边缘长出来的扁平头冠。头冠非常脆弱，可能用来为眼睛遮阳，也可能起到美观的作用，用于雄性的求偶。

古生物学家通过计算机技术将异特龙的骨骼照片进行了成像，并还原了头部和颈部的活动方式，认为它食用猎物的方式与今天的鹰隼非常类似，是用颈部和躯干的力量撕开动物尸体。

异特龙于侏罗纪晚期生活在今北美洲、非洲和欧洲西南部等地区。古生物学家目前所找到的异特龙化石形态各异，有的体形大如马匹或大象。异特龙是一种食肉恐龙，它在捕猎时会先隐藏在树丛中，然后猛扑到猎物身上。

异特龙的上下颌关节非常灵活，这种特点可以让它把嘴巴张得很大。异特龙通过向后拉扯头骨来撕咬猎物，在这个过程中，它的耻骨向前，呈靴形。

拼接而成的异特龙头骨

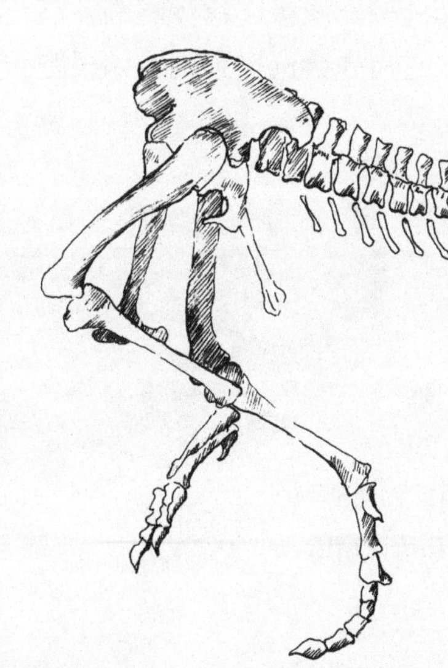

异特龙拥有保护腹部的肋骨（见 76~77 页）。它的髂骨很大，耻骨呈梗状，或可连接肌肉，或可用来支撑躯体。

演化出类似鸟类的羽毛

虚骨龙

虚骨龙类恐龙是一种长有软质尾部的兽脚亚目恐龙，它的拉丁学名“*Coelurosauria*”（虚骨龙次亚目）意为“长着空洞尾巴的蜥蜴”。虚骨龙类恐龙是一种两足行走的捕猎动物，身上很可能长有羽毛。以下这些动物或许就是这类恐龙的后代：

- 霸王龙等体形巨大的陆生食肉动物；
- 小盗龙等体形微小的恐龙；
- 一种叫作“似鸟龙”的无牙奔跑型捕猎恐龙；
- 驰龙与伤齿龙这两类长着长指甲的捕猎恐龙；
- 像猩猩一样长着带指甲爪子的奇怪食草动物，如镰刀龙；
- 窃蛋龙和近颌龙等长着奇异颌骨和头冠的小型动物，人们至今仍然没有搞清这类动物的饮食习惯；
- 现代鸟类。

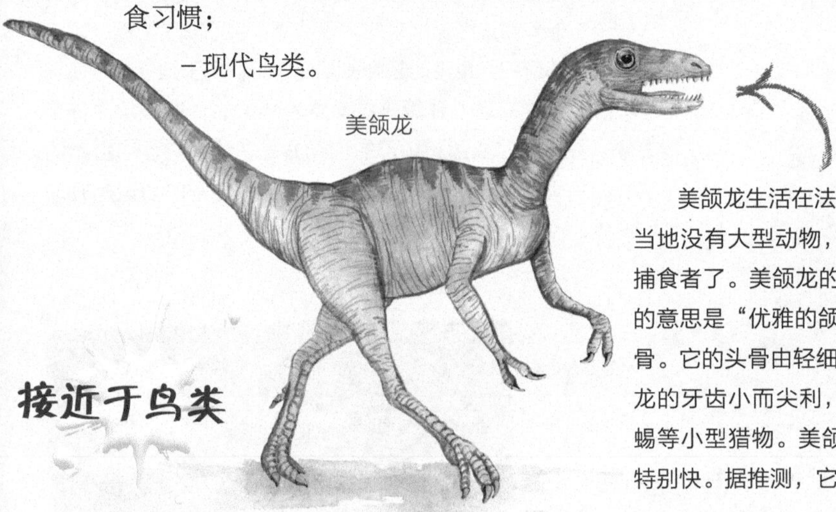

接近于鸟类

美颌龙

“优雅”的颌骨

美颌龙生活在法国和德国境内的热带小岛上，由于当地没有大型动物，它可能是该区域体形相对较大的捕食者了。美颌龙的拉丁语属名“*Compsognathus*”的意思是“优雅的颌骨”，这个名字来源于它精致的头骨。它的头骨由轻细的骨骼组成，有很大的开孔。美颌龙的牙齿小而尖利，且牙齿的间距较大，适合捕食蜥蜴等小型猎物。美颌龙健壮的后肢能保证它奔跑起来特别快。据推测，它的体形只有一只家养的鸡那么大。

似鸟龙

似鸟龙的拉丁学名“*Ornithomimosauria*”（似鸟龙类）意为“鸟类模仿者蜥蜴”。它的外形和大型鸵鸟类似，也同样像鸵鸟一样擅长奔跑。这类恐龙没有牙，只有喙。与鸟类不同的是，它没有翅膀，前爪分指，且长有指甲，同时长有修长的尾巴。似鸟龙分布广泛，生活在白垩纪晚期的今北美洲、东亚、欧洲、非洲和澳大利亚等地。据推测，它的生活环境应该是比较开阔的，这样在奔跑时不会面对太多的障碍物。在受到大型兽脚类恐龙攻击时，它首先会选择逃跑，如果跑不掉才会用尖利的后爪迎战。

似鸡龙的拉丁语属名“**Gallimimus**”意为“鸡的模仿者”，它的体长是人类的3倍，是古生物学家迄今为止发现的最大的似鸟类恐龙。它的头骨较小，形似鸟类，颈部灵活。似鸡龙的喙部较细，用来啄食树叶、小型哺乳动物和蜥蜴。它的前爪分三指，爪面朝身体内翻，用来拔树枝和打猎；后爪长在强健的小腿上，微微上翻，适合奔跑；尾部带尖，呈水平状态，用来平衡头骨和颈部的重量。似鸡龙确切的奔跑速度至今仍是一个谜。它的眼睛长在头部边缘，双眼用来定位猎物和捕食者。2015年，古生物学家在一块美国发现的化石上发现了它的颈部、胸部、背部和尾部等多处存在线状羽毛的痕迹，与今天的食火鸟类似。似鸡龙的爪子上没有羽毛，由皮肤覆盖。

似鸡龙

角鼻类恐龙

角鼻类恐龙的拉丁学名“*Ceratosauria*”（角鼻龙类）意为“长着犄角的蜥蜴”，这是一类非常有特点的食肉恐龙，生活在侏罗纪－白垩纪晚期。这类恐龙包括20余种，体形小的犹如一只狗，大的高达7米。事实上，并不是所有的角鼻类恐龙都长着犄角，它们的共同特征体现在骨骼上。比如，它们的前爪都有四指，不同于坚尾类恐龙的三指，这足以说明角鼻类恐龙非常古老。作为几乎是所有大陆的统治者，角鼻类恐龙随后被坚尾类恐龙所取代。

双冠龙

双冠龙是一种头上长着一对头冠的角鼻类恐龙，据推测，头冠很可能是吸引异性用的，因为如果双冠龙向四周转动自己的头部，会让异性觉得更有吸引力，同时也能给对手带来一定的震慑力。不过，双冠龙的头冠太过脆弱，并不能拿来当武器。

双冠龙颌骨上的前牙和后牙之间有一道很深的开口。

古生物学家一直试图搞清这种动物的饮食习惯：由于体形的原因，这种动物很可能捕食小型恐龙和哺乳动物，也可能以动物尸体为食。它可能在有水地带进行捕猎。另据推测，这可能是一种群居动物，更喜欢集体捕猎。

角鼻类恐龙的化石在北美洲的摩里逊岩层被发现，除此之外，在坦桑尼亚也发现了相关化石。从化石上来看，这类恐龙的鼻骨上长有一个刀状犄角，它的双眼后方还长有两个更小的犄角。角鼻类恐龙的牙齿呈弯状。据推测，它的犄角并不是用来搏斗的，更可能是用来吸引异性的。角鼻类恐龙的尾部较细，非常灵活，长度占整个躯干的一半左右。

角鼻类恐龙

镰刀龙和阿拉善龙

白垩纪

生活地区：化石在蒙古国和中国境内找到。

命名：镰刀龙是一种长着镰刀状长指甲的兽脚类恐龙，拉丁学名“*Therizinosaurus*”（镰刀龙属）意为“带镰刀的蜥蜴”。阿拉善龙的拉丁学名“*Alxasaurus*”（阿拉善龙属）源自中国内蒙古自治区的阿拉善沙漠。

纲：爬行纲

目：蜥臀目

科：镰刀龙超科

生活年代：白垩纪晚期，距今7000万年。

由于发现的化石不够完整，古生物学家曾在很长时间里无法给镰刀龙命名。1988年，一副较完整的阿拉善龙骨架的化石在中国发现。阿拉善龙属于镰刀龙超科。化石的发现，让古生物学家得以将它与爪兽进行比较。爪兽是一种奇怪的哺乳动物，具有马、猩猩和熊3种动物的特征！如今爪兽已经灭绝。

复原后的镰刀龙胚胎形象

镰刀龙是一种非常罕见的恐龙，保存完整的镰刀龙化石并不多见。古生物学家通过比对其他具有完整化石的生物推测出了镰刀龙的特征。第一批镰刀龙化石由苏联和一些亚洲国家组成的多国科考队在蒙古国境内发现。

初见镰刀龙化石时，古生物学家以为它是一种靠长肢在海底捕食海藻的大型海龟。

镰刀龙依靠两足缓慢行走，有些镰刀龙的体形很大（身长达12米）。镰刀龙前肢的指甲很长（最长的指甲比人类的胳膊都长），因此在行走时，镰刀龙不得不用指节来支撑身体。不过，古生物学家分析判断，镰刀龙的指甲还是很脆弱的，无法用来搏斗，可能只是单纯地用以求偶或切割树叶。

镰刀龙的饮食习惯与大部分兽脚类恐龙不同，属于严格意义上的食草恐龙。它很可能通过垫尾巴或伸长脖子的方式来够得位于更高处的树叶。

镰刀龙的指甲化石，现收藏于澳大利亚博物馆

最长的指甲

镰刀龙最大的特征就是长有三指的前爪，每根指头上都长有细长尖利的指甲，长 40~50 厘米！由于镰刀龙与今天任何一种动物都没有相似之处，古生物学家仍对它了解甚少。古生物学家推断，这是一种生活在森林地带的群居动物，用长指甲来抓取树叶。不过，它的指甲非常脆弱，因此不太可能用作自卫的武器。行走时，镰刀龙依靠指节来支撑身体，在某些情况下也可以用双足行走。

阿拉善龙身长 4 米，尾部短粗，身体硕大。它的后爪较短，长有四指，每指长有指甲，颈部较长，头部较小，长有喙。

霸王龙

白垩纪－古近纪

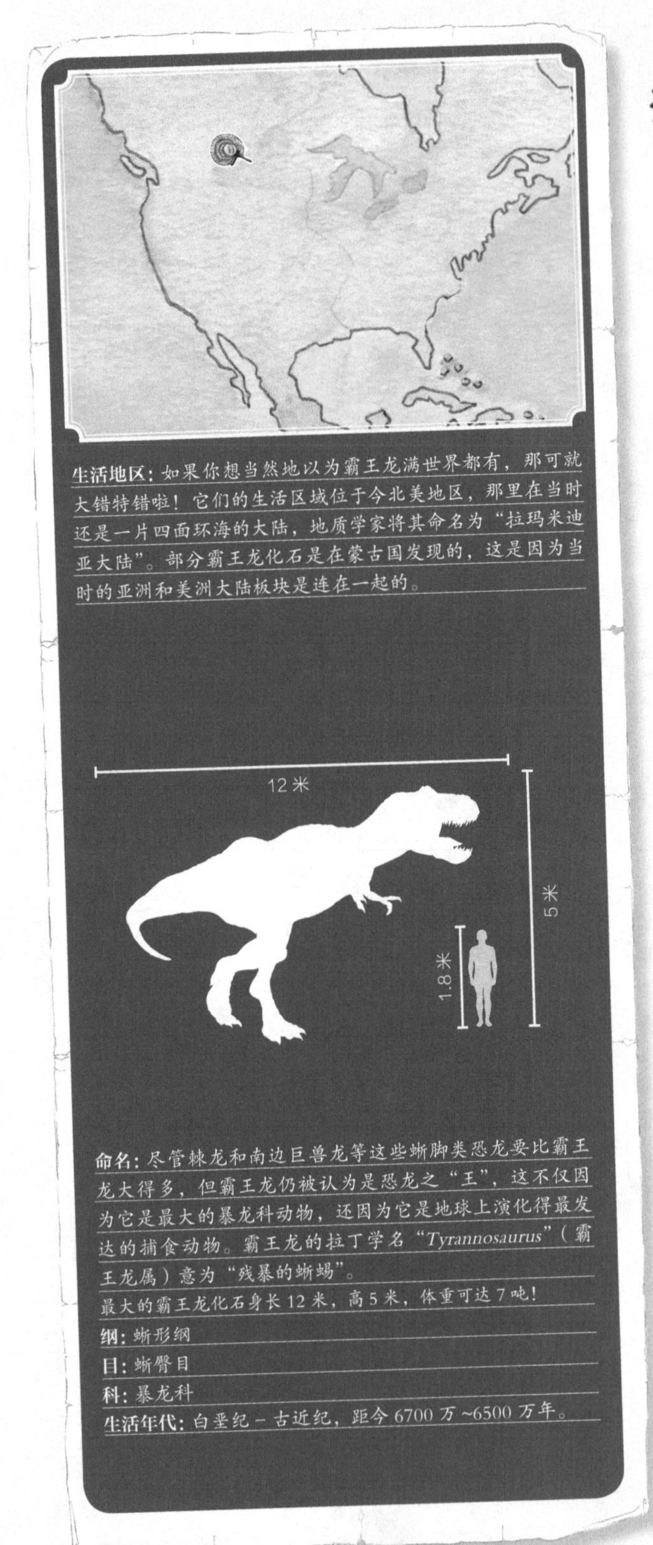

生活地区： 如果你想当然地以为霸王龙满世界都有，那可就大错特错啦！它们的生活区域位于今北美地区，那里在当时还是一片四面环海的大陆，地质学家将其命名为“拉玛米迪亚大陆”。部分霸王龙化石是在蒙古国发现的，这是因为当时的亚洲和美洲大陆板块是连在一起的。

命名： 尽管棘龙和南边巨兽龙等这些蜥脚类恐龙要比霸王龙大得多，但霸王龙仍被认为是恐龙之“王”，这不仅因为它是最大的暴龙科动物，还因为它是地球上演化得最发达的捕食动物。霸王龙的拉丁学名“*Tyrannosaurus*”（霸王龙属）意为“残暴的蜥蜴”。

最大的霸王龙化石身长12米，高5米，体重可达7吨！

纲： 蜥形纲

目： 蜥臀目

科： 暴龙科

生活年代： 白垩纪－古近纪，距今6700万~6500万年。

恐龙之王

头部：可以确定的是，霸王龙的咬力冠绝全球，要知道，它的咬力是白鲨的3倍，狮子的15倍，只需要一次撕咬，就能让一只三角龙丧命！为它提供如此强大咬力的鼻骨长达1.5米！霸王龙共有50颗牙，长度在10~30厘米，每颗牙都锋利无比且向内弯曲，可以钩住猎物。它的头骨与鸟类的头骨相似，上面有开孔，可以减轻体重。

跑步：古生物学家一直想知道霸王龙是否能够快速转身，因为这是评估其捕猎技能的一个重要指标。事实上，霸王龙从前爪到尾部之间的距离较长，因此每次转体45度很可能要花上1~2秒，而人类完成这一动作只需不到1秒的时间。也许霸王龙能像滑冰或跳舞一样，通过弯曲尾巴和摆动前爪的方式完成转身！霸王龙的奔跑速度也是个谜：据分析，它的奔跑速度可达11千米/时，但这种说法尚存争议。此外，古生物学家观察到，霸王龙的跖骨比其他兽脚类恐龙要长，他们把这块骨头称作“转向骨”，认为这块跖骨可以让霸王龙在奔跑时保持身体的稳定性。

霸王龙是一种双足行走的食肉动物，头骨宽大，又长又沉的尾巴用以保持平衡。在 1915 年首次还原的霸王龙形象中，霸王龙的尾部是支撑在地面上的。随后，古生物学家发现，这样并不适合它自然行走，由此得出结论：霸王龙在行走时尾部应该是呈水平状态的，这样可以平衡它前半身的质量。

与短小的前肢不同，霸王龙的后肢粗壮发达，前肢的两指长有指甲，被视为致命的捕猎武器，而第三指位于边缘，只演化了一半。

依靠这两只短小的“胳膊”，霸王龙断然无法将食物送入口中，古生物学家据此推断：霸王龙先将猎物的骨头和肉大块吞入口中，然后像鸟类和鳄鱼一样将头向后摆，这样食物才能依次进入消化系统。

著名的霸王龙骨架

1905 年，古生物学家亨利·费尔菲尔德·奥斯本首次对霸王龙进行了分类。1915 年，他在位于纽约的美国自然历史博物馆展示了第一副霸王龙的完整骨架，不过，他错将阿拉善龙的两条腿安到了霸王龙的骨架上！

最有名的霸王龙骨架是以古生物学家苏·亨德里克森的名字“苏”来命名的，这副骨架保存了霸王龙 85% 的骨骼。这只霸王龙的寿命为 28 岁，在 2001 年以前，它的骨架一直保持着全球最大霸王龙骨架的纪录。

2000 年，杰克·霍纳在美国蒙大拿州发现了 5 副霸王龙骨架，其中一副是目前发现的最大的霸王龙骨架。

皮肤还是羽毛？

在中国，古生物学家发现了 3 副华丽羽王龙骨架的化石，它也属于霸王龙科。他们据此推测，这种恐龙的身上长有羽毛，而非爬行动物的皮肤。它的羽毛很可能在幼体时期就遍布全身，却在发育的过程中逐渐退化，只有躯体的局部保留了这种印记。

饮食习惯

霸王龙吃什么？霸王龙是食物链顶端捕食其他恐龙的超级食肉动物，还是食用其他动物尸体的食腐动物？古生物学家至今仍然不能确定。也有人认为霸王龙大多数情况下食肉，但在必要时也会食腐。由于双眼长在头骨前方，霸王龙在平视和俯视时视力良好。古生物学家推断，这样的生理结构有助于捕猎。为了促进消化，霸王龙也会吞食一些光滑的石子。此外，由于过量食用红肉，有些霸王龙可能还患有人类会得的痛风病！

尽管看似凶神恶煞，但霸王龙在奔跑时的最大速度不超过30千米/时，可以说，它跑得比一般人要快，但还比不上百米短跑运动员！

矮小、丑陋又残暴的霸王龙“爷爷”

在阿根廷，人们发现了伊奥卓玛龙的化石，这是一种体形微小却极具杀伤力的食肉恐龙。据推测，这种恐龙可能就是霸王龙和恐爪龙这类兽脚类恐龙的祖先。伊奥卓玛龙于2.3亿年前生活在今阿根廷，身长1.3米，只有一只狗那么大，身高只到人类的膝盖，但它跑起来速度极快，攻击力极强。

从恐龙到鸟类

部分恐龙的特征与鸟类非常相近。在鸟类出现之前，很多恐龙就已经出现了鸟类的原始特征，因此人们就不能再将其定义为纯粹的恐龙了。

古生物学家认为，始祖鸟属于原始鸟类。它的尾部由 25 块尾椎骨组成。尽管还稍显笨拙，但它已经能够短途飞行了。

现代鸟类的另一个共同特征就是尾部的最后 5 块尾椎骨由一根叫作尾综骨的扁骨串在了一起。孔子鸟是生活在白垩纪早期的一种鸟类，体形类似麻雀，有喙无牙，拥有最原始的、近乎现代鸟类的飞行结构。孔子鸟是从兽脚类恐龙演化而来的，前爪的指甲不再具有抓取物体的能力，但在飞行过程中可以支撑羽毛。据推测，它基本上不可能做到原地起飞，却可以借助翅膀上方的指甲爬到树上。由于孔子鸟的化石大多在淡水区的沉淀底层发现，古生物学家推测，这种动物很可能生活在湖边，以鱼类、植物和种子为食。

泰坦鸟是一种巨大的鸟类，它的化石发现于南美洲，身高 2.5 米，属骇鸟科，这一科的鸟类体形较大，不能飞行。事实上，古生物学家还没有发现泰坦鸟的头骨，但据推测，泰坦鸟应该长有一个类似斧头的大喙。它的翅膀较小，不能用于飞行，但可用作爪子。

泰坦鸟

始祖鸟

孔子鸟

反鸟是白垩纪时期的鸟类，翼展达 1 米。反鸟与现代鸟类一样长有喙，无齿，最后 5 块尾椎骨长在尾综骨内侧。反鸟长有小翼羽，这是一种长在翅膀顶端的羽毛，有助于控制翅膀上方的气流，让翅膀完成更有效的飞行。至今，古生物学家仍然不清楚鸟类是在树上起跳学会了飞行，还是在地面上助跑学会了飞行。不过，原始鸟类的体形与现代鸟类近似，这种特点使它们的骨骼越来越轻盈，也越来越符合空气动力学原理。

麝雉是一种生活在南美洲的亚马孙平原和奥里诺科河一带的原始鸟类，化石年龄有 2300 多万年。与类似鸟类的恐龙一样，幼年麝雉的翅膀上也长有类似小鸡爪的指甲，这有助于它在森林里攀爬树木，成年后麝雉的指甲便退化了。这种鸟类还会游泳。由于体味难闻，无论是人类还是其他动物都不会捕捉它。当地人把它称作“臭鸟”。

鸟类的骨骼

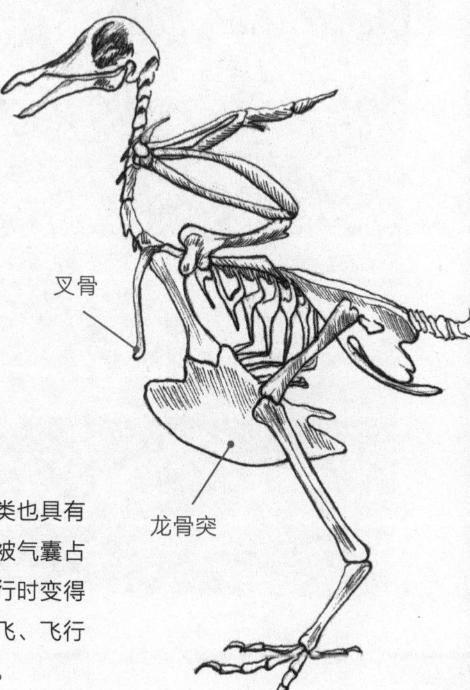

叉骨又称“如愿骨”，是兽脚类恐龙身上一块由锁骨合并而成的两叉骨，现代鸟类也有这种骨骼结构，用以在飞行中保护胸骨。古生物学家在驰龙、窃蛋龙、暴龙、伤齿龙和阿拉善龙的化石中都发现了叉骨。

鸟类身体内部的共同结构

胸肌

叉骨

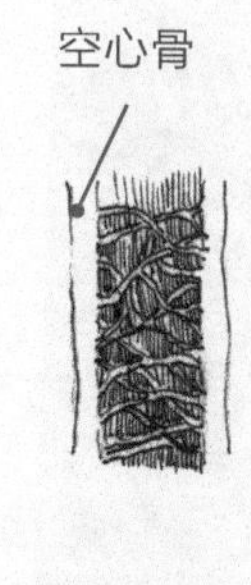

与部分恐龙类似，鸟类也具有空心骨，空洞的部分通常被气囊占据，这使它们的骨骼在飞行时变得非常轻盈，同时还能在起飞、飞行和着陆时承受更多的压力。

始祖鸟

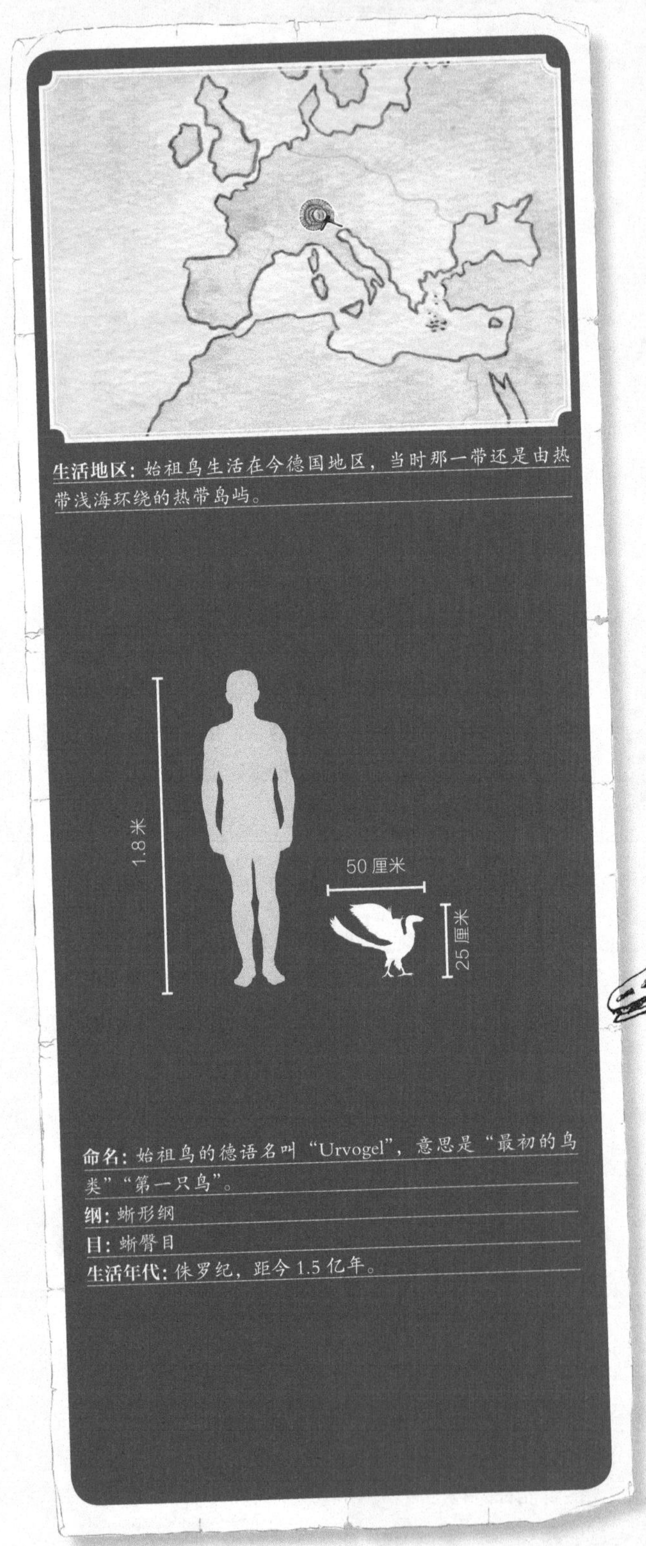

生活地区： 始祖鸟生活在今德国地区，当时那一带还是由热带浅海环绕的热带岛屿。

命名： 始祖鸟的德语名叫“Urvogel”，意思是“最初的鸟类”“第一只鸟”。

纲： 蜥形纲

目： 蜥臀目

生活年代： 侏罗纪，距今 1.5 亿年。

羽毛

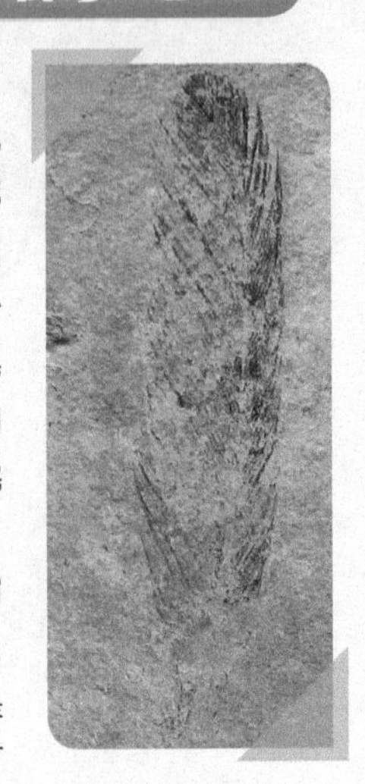

在巴伐利亚的细石灰岩地带蕴藏着始祖鸟的羽毛化石。部分兽脚类恐龙已经演化出了用来保暖和求偶的羽毛。但是，始祖鸟的羽毛与众不同，它的羽毛呈对称结构，与现代鸟类的飞羽类似。不过，这种鸟类还没有完全演化出适合飞行的重要结构，如空心骨、用来活动翅膀的肩关节、固定强健胸肌的胸骨等。尽管如此，始祖鸟的腕关节还是长有一块半月形的腕骨，这可以让它完成活动手腕和抖动翅膀的动作。通过电子扫描显微镜鉴定，始祖鸟的羽毛可能是黑色的，也可能并非全身黑色，只有翅膀是黑色的。古生物学家提出了这样一个问题：始祖鸟是否真的会飞？有人认为始祖鸟是一种像鸵鸟那样善于奔跑但不会飞行的鸟类；有人则认为它可以爬到树上起跳滑翔；还有人觉得它会飞，虽然飞得很慢，但还是可以在它所生活的浅海水域进行滑翔。

爬行动物和鸟类的结合体

侏罗纪时期最值得一提的鸟类就是始祖鸟，它拥有爬行动物和鸟类的双重特征，似乎就是这两个物种之间演化的纽带。

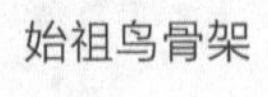

始祖鸟骨架

人类所知的最古老的鸟类

大脑

始祖鸟的大脑比其他恐龙的大脑要大得多，这可以让它做出飞行等复杂动作。古生物学家对始祖鸟的大脑进行了研究，了解到它控制视觉和听觉的部分为何如此发达。始祖鸟的听觉神经可能格外发达，因为它需要靠其保持平衡。

始祖鸟的体形和乌鸦或麻雀类似，身长最长达 0.5 米。尽管它的躯干、翅膀和长尾巴上都覆盖着羽毛，但与现代鸟类相比，它的体形还是更像同时期的小型食肉恐龙。始祖鸟的后爪长有指甲，牙齿尖利，后爪第一指向后翻起，类似于现代鸟类。它的尾部由 23 块尾椎骨组成。

窃蛋龙

“和蔼的家长”

20世纪20年代，古生物学家在一个有蛋的巢穴附近发现了一块恐龙化石。据推测，这只恐龙很可能正在突袭巢穴，“窃蛋龙”的名字便由此而来。1924年，古生物学家亨利·费尔菲尔德·奥斯本对这种恐龙进行了描述，但并没有得出任何确切的结论。到了20世纪90年代，古生物学家得出了一个新的结论：那只恐龙并不是在偷吃其他恐龙的蛋，窝里的蛋其实是它自己的，它正在保护自己的孩子。

那这种动物到底以什么为食呢？部分古生物学家认为，它那没有牙齿的喙适合用来敲碎单壳和双壳软体动物的外壳。古生物学家在一块窃蛋龙化石的胃部发现了蜥蜴的化石。虽然窃蛋龙是在保护自己的蛋，但也不能排除它不会偷食其他恐龙的蛋，因为除了长有喙之外，它的爪子也很适合抓取蛋。

体长
2米
1.8米
1米

人们在窃蛋龙化石的皮肤上发现了一些类似于现代鸟类羽毛的痕迹，古生物学家由此推断，它的身体上覆盖着羽毛。

最初古生物学家将窃蛋龙划归到似鸟龙科，随后，古生物学界决定在兽脚亚目恐龙中专门为其创建一个“窃蛋龙科”。

这种恐龙的外形不得不让人想起双足、长后爪、长身的鸟类。它的头骨较短，长有无牙的喙，头骨上方长有头冠。

这种动物身长2米，身高1米，体重30千克。它的爪有三指，每指都长有弯长的指甲，指甲长达8厘米。它第一指的方向与其他两指相反，用来抓取小动物和植物。

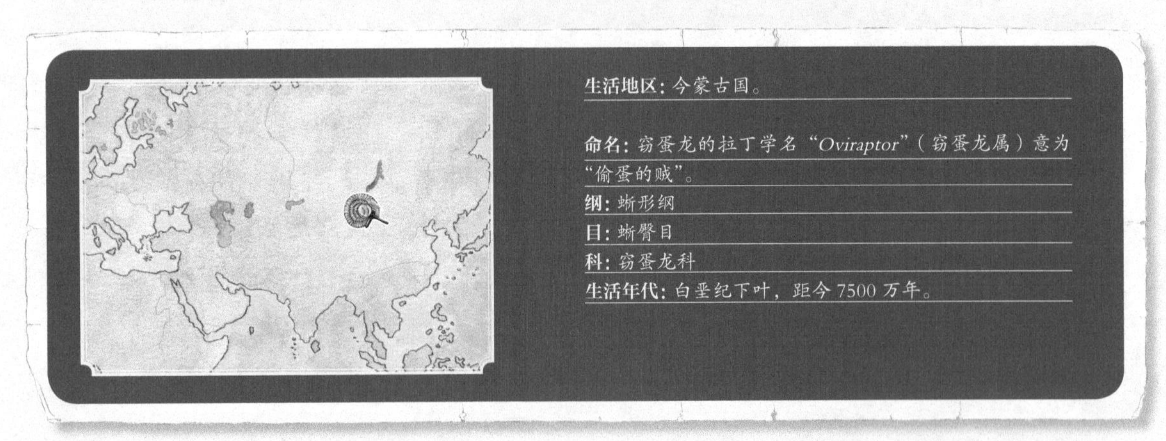

原始羽毛

2012 年，古生物学家在中国发现了 3 副华丽羽王龙骨架的化石。这种动物的身体有一辆公共汽车那么长，身上却长着小鸡那样的羽毛，羽毛的长度达 20 厘米。单从化石来看，人们很难分清羽毛的宽窄和复杂程度，唯一能确定的是，它身上的很多部位都有羽毛覆盖。对古生物学家来说，兽脚类恐龙长有羽毛并不是一件新鲜事，只不过在华丽羽王龙之前，古生物学家发现的带羽恐龙都是小型的，和现代鸟类相似。

生活在白垩纪早期、
长着羽毛的华丽羽王龙

在华丽羽王龙化石的发现地中国，白垩纪时期的气候比较寒冷，古生物学家据此推断，它的羽毛是用来保暖的，不过也可能有装饰作用。

在发现华丽羽王龙的化石之前，部分古生物学家一直认为，羽毛只在恐龙幼体阶段存在，随着恐龙逐渐发育，羽毛会逐渐退化。这一结论主要是基于这样的事实：古生物学家从没有找到具有软质机体的大型恐龙化石，软质部分在骨化的过程中也非常不好保存。也许人们会纳闷：可怕的霸王龙怎么可能像小鸡一样柔软呢？古生物学家在中国发现的 3 副华丽羽王龙骨架的化石分别是一只成年和两只幼年华丽羽王龙，这一发现随即推翻了之前的结论。

部分学者推断，最小的恐龙——小盗龙只有尖嘴镐一样大，它长有两对翅膀和彩虹色的羽毛，形态类似于长有黑蓝色羽毛的现代乌鸦。

华丽羽王龙的羽毛有什么作用呢？雄性华丽羽王龙可能用它来吸引雌性，这种做法与现代鸟类无异。

在加拿大的阿尔伯塔，古生物学家取得了重大发现：他们在一块琥珀中找到了恐龙的羽毛，包括长羽毛和类似于现代鸟类的羽毛，这一发现让人们看到了恐龙羽毛的多样性。同时，羽毛的数量之多，又让人们意识到恐龙长有羽毛是一件多么平常的事情。

“猎手”恐龙

在白垩纪，一种长着小脊椎的小型捕猎恐龙种群得到了扩张。这种恐龙的特点是演化出了可以伸展的前爪，这个生理结构有助于捕捉猎物，与此同时，前爪还能向后折叠，类似于现代鸟类在休息时折叠的翅膀。

这类恐龙属于蜥臀目中的兽脚亚目。

手盗龙

“受伤的牙齿”

伤齿龙的名字源自它弯曲的牙齿。它身长 2 米，从全身比例来看，伤齿龙的头部相对较大。它的眼睛朝前，用来定位猎物和测定追击距离。

伤齿龙的前爪第二指向上翻，它就是靠这个部位进行徒步的。伤齿龙的指甲没有伶盗龙那般发达，古生物学家推断，伤齿龙主要以成年恐龙、小型哺乳动物、蜥蜴和蛇为食。

伤齿龙

斑比盗龙

斑比盗龙的名字来自迪士尼动画片中的斑比小鹿，它的化石于 1994 年在美国蒙大拿州被发现，生活年代距今 7500 万年。这种恐龙的外形非常像鸟类。化石中的那只斑比盗龙还没有发育完全，但身长已有 1 米。据推断，这种恐龙很可能长有羽毛。它的小腿强健，这一结构特点在奔跑型鸟类身上比较常见。与其他恐龙相比，它的头部较宽。斑比盗龙的部分骨头是空心的，内部包有与肺部相连的气囊，为它提供足够的氧气。

恐龙中的斑比：玉面杀手

虽然名字听上去稍显稚嫩，但斑比盗龙非常善于在植物丛中捕食小动物。它后爪上的长指甲也可以用来攻击猎物。

驰　龙

驰龙科恐龙又被称为“奔龙科”恐龙，是一种小型捕猎恐龙，这类恐龙攻击性很强，长在 3 根指头上的尖长指甲是可怕的武器。它的后爪第二指指甲较粗，朝前弯曲，可造成很深的伤口，适合捕猎。驰龙在奔跑时，这块指甲向上翻起。

伶盗龙的拉丁语属名“*Velociraptor*”意为“敏捷的盗贼”。它身长 2 米，身上覆盖着羽毛。1996 年，人们在中国境内发现了小型驰龙科恐龙的羽毛化石。根据这一发现，古生物学家迅速推断出伶盗龙也是长有羽毛的，它的羽毛较长，头部的羽毛更为醒目；此外，这种恐龙与鸟类有着千丝万缕的联系。

恐爪龙用尖牙和前后爪的指甲来捕食猎物。它的尾部较硬，可用作方向舵。恐爪龙在运动时靠摆动尾部来保持平衡。

中国鸟龙是为数不多能在化石上留下颜色的恐龙！一块 2010 年发现的鸟龙化石完好地保存了羽毛中的色素（一种使有机体具有不同颜色的物质）：它的羽毛是砖红色的，局部还有黄色、灰色和黑色的斑纹！羽毛上有类似现代鸟类的羽轴，这一羽毛的构造特点很可能让它具备了飞行的能力，或者至少可以让它从树上向下俯冲滑行，这种情况多发生在捕猎的时候。部分古生物学家认为，它在撕咬时会释放毒素，但仍然没有证据能证明这一猜测。

小盗龙从鼻子到尾巴的身长只有 75 厘米，体形确实很小，尾部长有扇形羽毛。这种恐龙长有两对翅膀，一对在前爪，一对在后爪。它也可以从树上向下俯冲。

小盗龙

中国鸟龙

伶盗龙

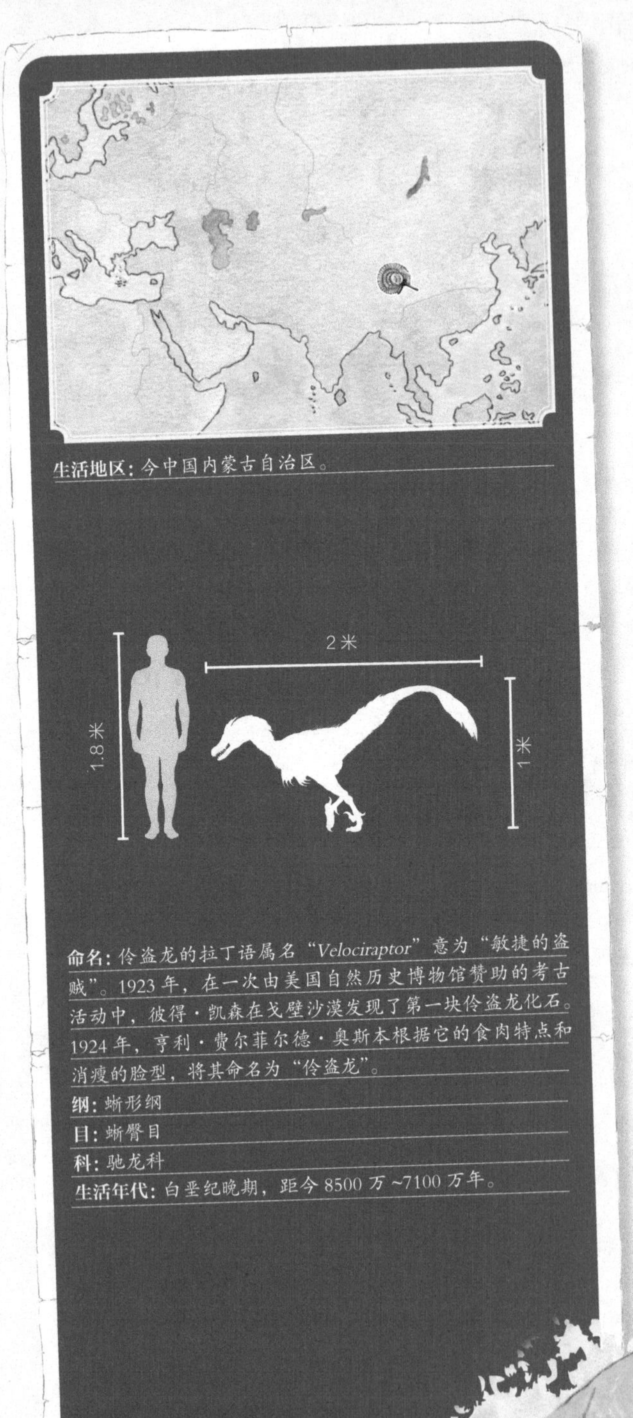

伶盗龙身长2米，身高1米，体重15千克左右。它的头骨扁长，长度约为25厘米，大脑部位较宽，古生物学家由此断定，伶盗龙的智商较高。它的颌骨上长有26~28颗牙齿。

伶盗龙的前爪长有3块弯曲的指甲。它的后爪第二指指甲更长，达6.5厘米，非常适合捕猎，但并不着地。所以，伶盗龙是靠后爪第三指和第四指来行走的，而第一指和其他兽脚类恐龙类似，能起到马刺的作用。伶盗龙的后爪肌肉非常发达，这可以让它快速奔跑。

古生物学家在部分伶盗龙化石的皮肤上发现了羽毛的痕迹。尽管如此，由于体形较大，前肢相对较短，古生物学家认为伶盗龙并不具备飞行能力，它的羽毛也许来自祖先的遗传。据推测，伶盗龙的祖先体形较小，或具有飞行能力。

饮食习惯

伶盗龙是以活物为食的食肉动物。不过，部分古生物学家在一些伶盗龙化石的胃部却发现了原角龙和翼龙的化石。对于伶盗龙这种体形的恐龙来说，是不太可能捕食那种大型恐龙的，由此他们推断，伶盗龙或许也会食用动物的尸体。

在一些电影和纪录片中，伶盗龙常以群体捕猎的形象出现，不过，到目前为止古生物学家还无法证明这一点。现代动物中与伶盗龙特征最相近的就是猛禽，这里面以猫头鹰为代表，但众所周知，猫头鹰并不是群体捕猎动物。据古生物学家推断，伶盗龙第二指的指甲更多是用来抓取猎物的，致伤武器应该是它的喙。

著名的伶盗龙化石

由于发现的伶盗龙化石数量较多，古生物学家对其特征相当了解。其中一块伶盗龙化石于 1971 年在戈壁沙漠被发现，该化石还原了一只正在与原角龙搏斗的伶盗龙！这只伶盗龙的指甲插入了原角龙的喉咙中，原角龙则咬住了伶盗龙的右前爪。据分析，两只恐龙或双双战死，或一同被沙丘吞没了。

鸟臀目恐龙

鸟臀目恐龙的骨盆与鸟类非常相似，也由此得名。此外，它的耻骨朝下，但与尾部同向。与其不同的是，蜥臀目恐龙的耻骨虽然也朝下，但更靠近前身。

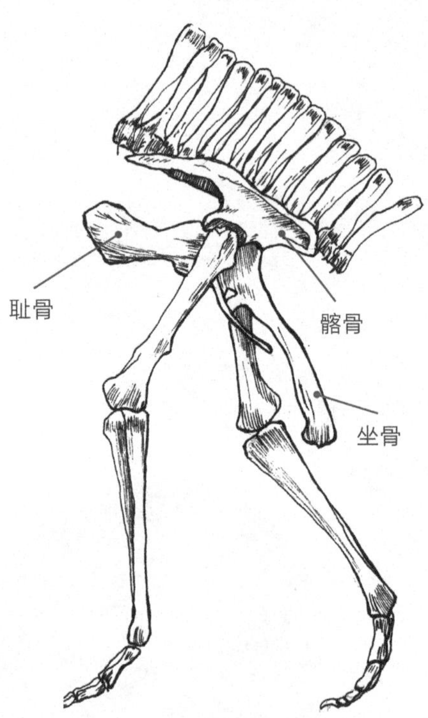

鸟臀目恐龙的骨盆

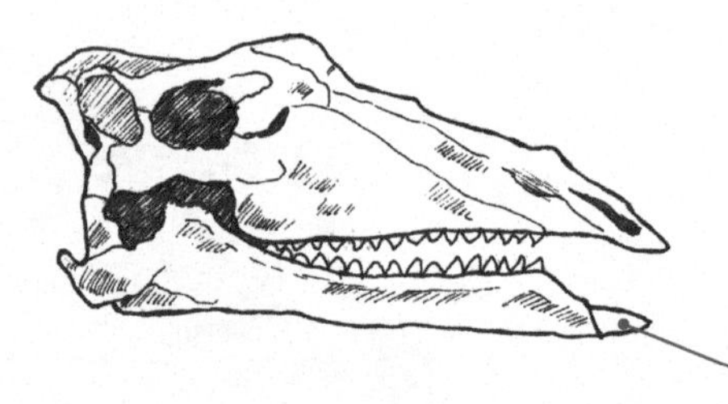

这一类动物的另一个特征是长在下颌骨上的前牙骨，其形状类似于喙，用于咬断植物的叶子。

恐龙的寿命比较长，年龄跨度在 75 岁到 300 岁之间，这反映出它非常善于融入所处的生活环境。

鸟臀目恐龙分为两个亚目：

- 装甲亚目恐龙，这类恐龙都披着护甲，包括剑龙下目和甲龙下目；
- 角足龙亚目恐龙，包括头饰龙类（角龙下目和厚头龙下目）和鸟脚下目恐龙（如鸭嘴龙）。

装甲亚目恐龙都长有鳞骨，由于这类恐龙食草，因此这种身体结构更多用作防御。最早出现的装甲亚目恐龙行走速度较快，一部分是用两足行走的。之后演化出了四足行走的大型品种，不过其移动速度比较慢。

角足龙亚目恐龙包括鸟脚下目恐龙（“脚类似于鸟类的脚”），这类恐龙奔跑的速度极快；还有头饰龙类恐龙（意为“戴头饰的”），这是一种头上覆盖着骨头的四足动物。

剑　龙

剑龙是一种大型食草恐龙，这种恐龙的特征就是它的鳞甲。这种鳞甲的学名叫“皮内成骨”，它从头部开始生长，遍及全身，直至尾部。

直到几年前，人们还以为剑龙是一种没有防御能力的大型食草动物，鳞甲只是辅助它逃生的工具。然而，到了 2014 年，古生物学家罗伯特·巴克发现了一副异特龙骨架的化石，该骨架的耻骨位置有一个剑龙尾刺留下的小孔，而伤口没有任何愈合的迹象。古生物学家由此推断，伤口应该是向上感染到了更高处的大腿肌肉和内脏，所以，这是一处致命的伤口！

这只剑龙先用尾巴对异特龙的下半身进行了横扫式的打击，随后用尾部的尖刺刺入了异特龙的身体。这可真是一场“真刀真枪”的肉搏啊！

有些大型食草动物每天要吃掉一吨植物，这相当于一辆双层公共汽车的体积了！

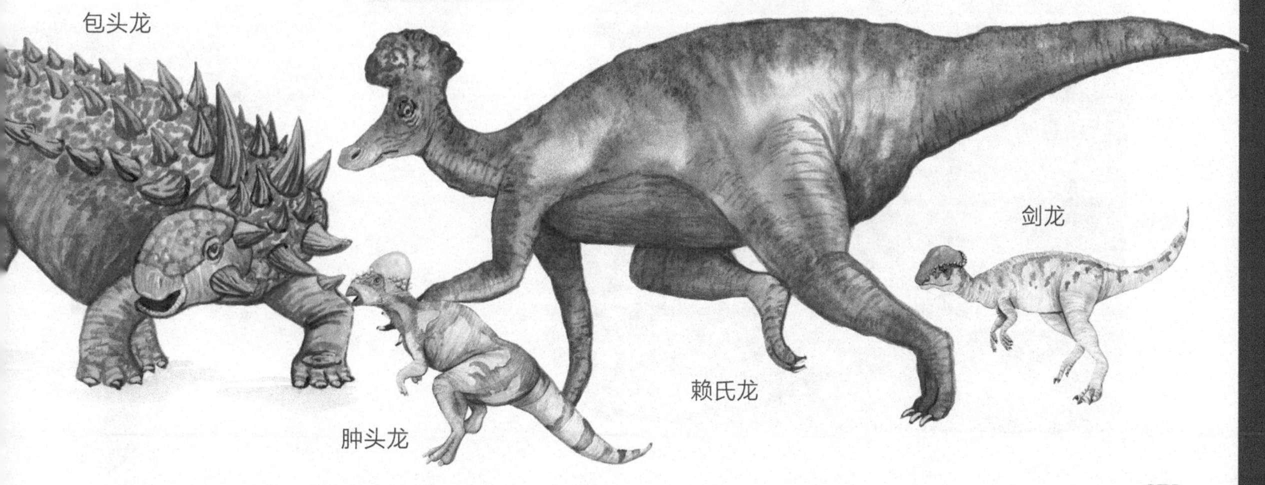

剑　龙

剑龙身长 6~9 米，身高约 4 米，据推测体重有 5 吨。剑龙的头部非常小，长有无牙的喙，因此古生物学家认为，它可能是靠吞噬胃石来消化植物的。

剑龙最引人注目的地方是其脊背上的两排鳞甲，部分鳞甲的长度甚至达到了 60 厘米！这些鳞甲从颈部延伸至尾部，尾部长有若干尾刺（不同品种的剑龙具有不同数量的尾刺），有些尾刺长达 1 米！

鳞甲

鳞甲类似于椎骨的延伸。到目前为止，人们还不知道这些板状的结构是以什么规律分布的：有单列分布的，有双列分布的，甚至还有交叉分布的。部分古生物学家认为，这一结构可以用来抵御捕食者，还有些则认为它可以调节体温。

有生物学家认为，在充血的状态下，鳞甲会变色，以此混淆捕食者的视觉。

右侧是组装后的狭脸剑龙骨架，现收藏于位于伦敦的英国自然历史博物馆。

骨 刺

剑龙尾部末端有 4 根骨刺，类似御敌的狼牙棒。骨刺的英文名为“thagomizer”，这个词诞生于一部动画片。在动画片里，人类学教授告诉一群原始人：为了追悼被剑龙尾刺杀死的同伴 Thag Simmons，人们便把剑龙的尾刺叫作“thagomizer”。随后，这个词便广泛运用于科幻文学作品和古生物学研究领域中。

后肢

剑龙后肢的长度是前肢的两倍，这使得骨盆成了剑龙身体上最高的部位。几年前，古生物学家试图证明剑龙有两个大脑：它的头骨内侧空间较小，而骨盆空间相对较大，这两个空间同时对接脊柱，而第二个大脑可能就位于骨盆附近。据推测，第二个大脑或可控制剑龙的行为。所谓第二个大脑，很可能是一个非常发达的神经节，它可以控制恐龙后肢和尾部的活动；而另外一个大脑则有其他功能，不过，这个大脑只有核桃仁那么大！

甲 龙

甲龙的特点是拥有一个硬壳。它的头骨上长有椭圆形或长方形的鳞甲，在这些鳞甲之间还长有更小的鳞甲。有些甲龙长有棒状的尾巴，尾部边缘通常长有尾刺，通过挥动尾部可以很好地御敌。

甲龙的牙齿比较脆弱，无法嚼碎树叶，不过，它的消化系统非常发达。甲龙头骨宽长，脑部后侧长有短犄角，且内部中空较大。甲龙的头部通常位置较低，由短粗的颈部支撑。

这类恐龙的攻击力无法与长有长牙利爪的兽脚类恐龙相匹敌，只能依靠后背上的鳞甲和犄角进行防御。

包头龙

包头龙可以看作犰狳和犀牛的结合体。它的化石在北美洲一带被发现，年代可追溯到白垩纪晚期，距今8500万~7000万年。它的拉丁学名“*Euoplocephalus*”（包头龙属）意为“装甲完备的头部”。事实上，它的头骨上有一些扁骨，这些扁骨覆盖着其他恐龙所拥有的头部窝孔，和其他恐龙无异，这一结构主要是用来减轻体重的。包头龙还有骨质的眼皮，可以像百叶窗那样上下翻动，保护眼睛。根据头部的这些保护结构，古生物学家推测，这种动物主要以带刺的丛草为食。包头龙的牙齿适合咀嚼发芽的种子和嫩叶，这些食物随后进入胃部消化。它的胃部肌肉格外发达，可以消化较难消化的植物纤维，或许还能在消化时发酵食物。包头龙的尾部具有棒状尾骨，虽然没有尾刺，但有4个球状结构，两大两小。通过挥动尾部，包头龙可以攻击敌人的腿部，甚至能造成对手严重的骨裂。

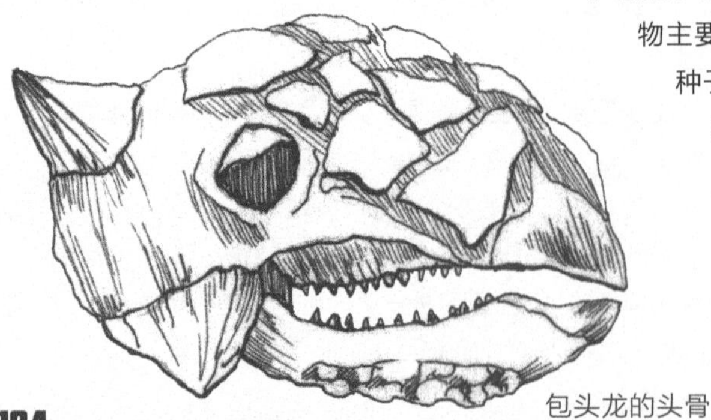

包头龙的头骨

加斯顿龙的化石由古生物学家罗伯特·加斯顿首先发现，并因此得名。加斯顿龙是一种生活在白垩纪早期的甲龙科恐龙。据推测，它的样子近似于一团带刺的草，不过，它的身长则达到了 7 米。加斯顿龙尾部呈棒状，眼睛位置靠前，这在食草类恐龙中是比较奇怪的结构。

加斯顿龙

埃德蒙顿甲龙身长 7 米，体重 5~6 吨。它的头部较小，喙较窄，较宽的脸颊具有袋状结构，可以接收磨碎的食物。埃德蒙顿甲龙的头部形状与绵羊类似，据推测，它很可能和现代的绵羊一样食用矮草。它脊背和尾部的鳞甲主要用作防御；肩胛骨长有骨刺，用来保护肩部，对捕食者来说，这是非常危险的武器。

埃德蒙顿甲龙

鸭嘴龙

鸭嘴龙是一种生活在白垩纪晚期的群居鸟臀目恐龙，主要分布在今北美洲和欧洲的平原地带，因喙与鸭嘴较相似而得名。鸭嘴龙嘴的后部长有上百颗牙齿，可以磨碎树叶。鸭嘴龙最大的特征是头上的头冠，或许它可以通过发出声音信号呼唤同类。

长着“鸭嘴”的恐龙

副栉龙（鸭嘴龙科的一属）的头骨

厚头龙

厚头龙（又称肿头龙）是鸟臀目恐龙的一个演化支，因头上长着一个富有特点的骨盔而被称作“蘑菇头恐龙”，厚头龙科的一属。冥河龙的拉丁学名为“*Stygimoloch*”（冥河龙属），意思是“冥河的恶魔”，冥河是古希腊神话中一条在冬季流淌的河流，而冥河龙的外貌也颇像一个小恶魔！

冥河龙生活在 6500 万年前的白垩纪晚期，它的化石在北美洲的海尔克里克岩层被发现。这么看来，冥河龙、霸王龙和三角龙生活在同一个环境里。

冥河龙最显著的特征是那些长在头骨后方的犄角，两侧的角最长，各有 15 厘米。这些突起的部分增强了冥河龙的“头盔”配置。不过，关于这个结构的作用，古生物学家尚无定论：也许只是装饰；也可能是雄性间决斗的武器，类似于两只鹿之间的决斗。头骨上的这些刺也可当作攻防两端的武器，能打击对手的腰腹部位。

部分学者认为，冥河龙是厚头龙科厚头龙属的未成年形态。也有人认为龙王龙可能是冥河龙的幼体，而冥河龙是厚头龙属的青年形态。可见，对古生物学家来说，区分物种并非易事。

冥河龙身长 3 米，头部长达 0.5 米。

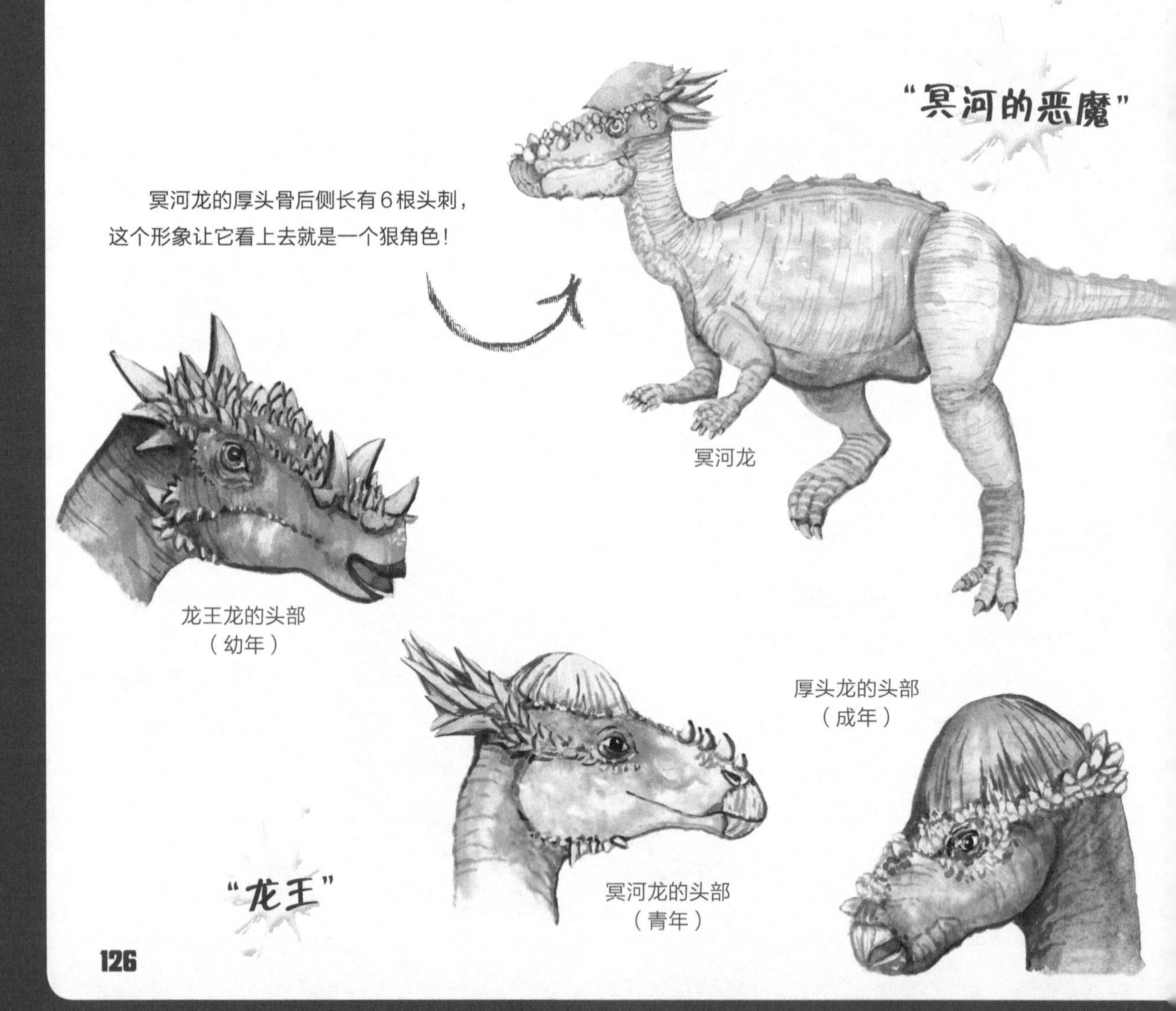

长着厚头骨的“蜥蜴”

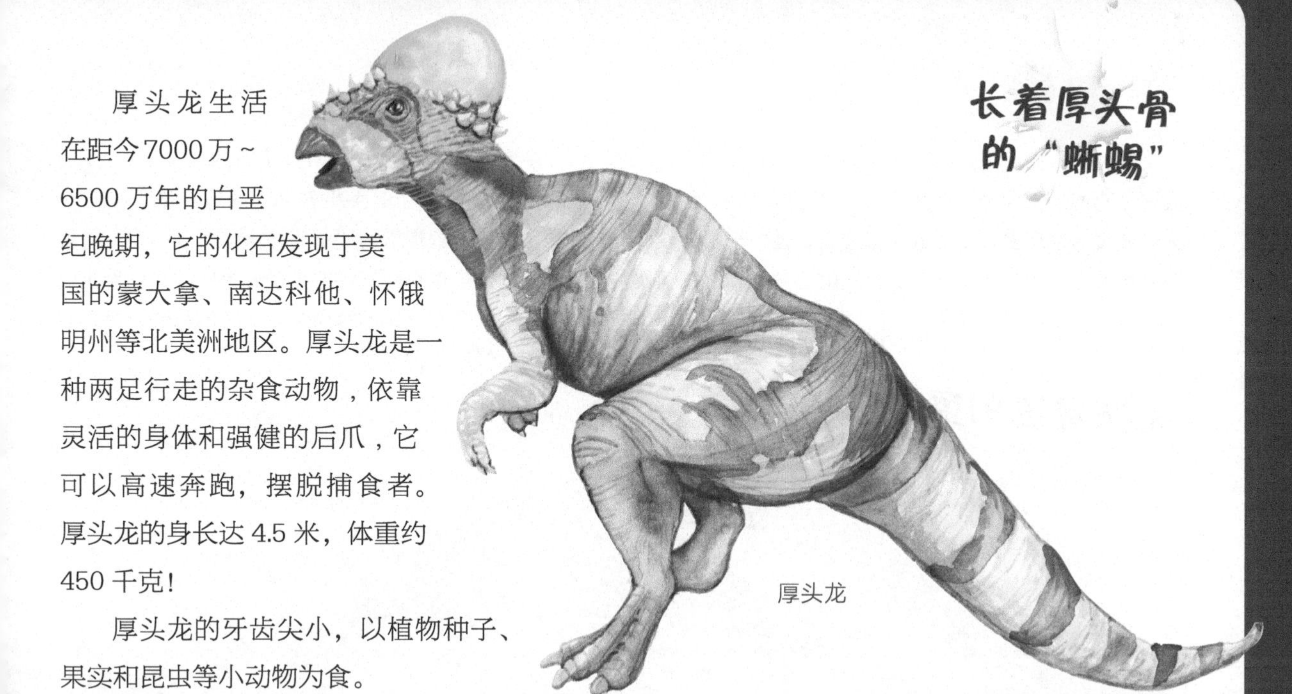
厚头龙

厚头龙生活在距今7000万~6500万年的白垩纪晚期，它的化石发现于美国的蒙大拿、南达科他、怀俄明州等北美洲地区。厚头龙是一种两足行走的杂食动物，依靠灵活的身体和强健的后爪，它可以高速奔跑，摆脱捕食者。厚头龙的身长达4.5米，体重约450千克！

厚头龙的牙齿尖小，以植物种子、果实和昆虫等小动物为食。

厚头龙最显著的特征是头盔似的厚头骨，目前尚未确定该结构的确切用途。部分古生物学家认为，雄性厚头龙像今天的山羊一样，经常进行头对头的搏斗。不过，雄性厚头龙的“头盔”外部可能是彩色的，以吸引异性和震慑对手。

还有人认为，雄性间的搏斗并不是以头顶头的方式进行的，而是像雄性长颈鹿搏斗那样，用犄角撞击对手的腰部。事实上，部分厚头龙的头骨化石上也确实留有裂痕，不过裂痕并不深。其实，厚头龙的头骨是最常见的化石，因为头骨的厚度达20多厘米，很容易形成化石。

剑角龙属于鸟臀目恐龙，也是厚头龙科的一属，尽管体形不如一般的厚头龙那么大，但它也拥有自己的“头盔”。它的身长“只有”2米，生活在白垩纪晚期的今北美洲地区。剑角龙的拉丁语属名“*Stegoceras*”意为“骨头做的头顶”，所指的就是它厚大的头骨和强壮的背部。古生物学家认为，这种动物与今天的山羊很像，也啃食青草。在交配期，雄性还会通过头顶头的决斗来争夺雌性配偶。它的尾巴经常会翘起，以此来保持身体的平衡。剑角龙的前爪比后爪短得多，并非用来爬行，而是用来抓取食物。

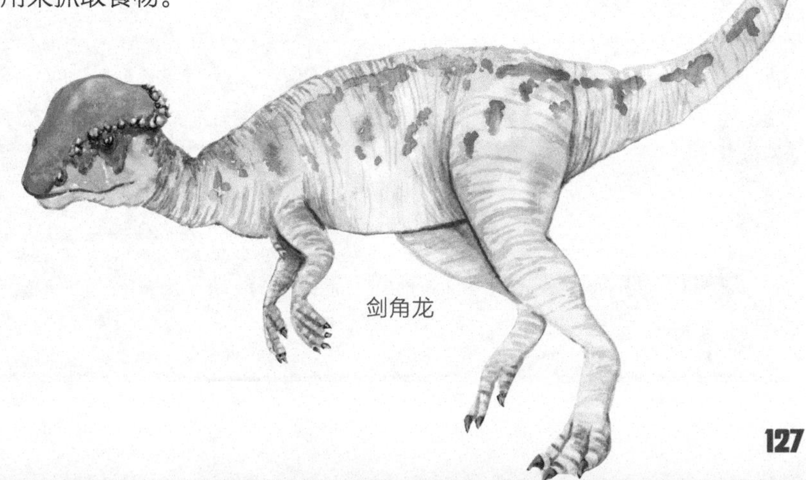
剑角龙

多刺甲龙

多刺甲龙的背甲面积达 1 平方米，平均厚度约 1 厘米。它的颈部较短，前两块颈椎骨可以活动。目前人类还没有发现多刺甲龙的头骨化石，但由于形似结节龙科恐龙，专家推断它的头骨呈扁三角状，局部可能也有骨头覆盖。

多刺甲龙的尾部长有两排平行的鳞甲。鳞甲都呈三角形，但大小各异，靠近头部的鳞甲较小，靠近脊背的鳞甲较大。多刺甲龙没有鳞甲覆盖的部位也有硬壳保护，硬壳是由很多小骨头组成的。尽管多刺甲龙的鳞甲会制约它的行动，但总体上它的身体还是相当灵活的。

无法穿透的盔甲

成年的多刺甲龙身长 4 米，体重 1 吨。据古生物学家推测，它应该是一个孤僻的和平主义者，无法穿透的盔甲让它过着无人问津的生活，不用逃离或躲避捕食者。它的爪子很强健，后肢比前肢长得多，这种形态也特别不适合逃跑。

生活地区： 今欧洲西部。

命名： 多刺甲龙的拉丁语属名“*Polacanthus*”由两部分组成，“Pola”意为“许多”，“canthus”意为“刺”。

纲： 蜥形纲

目： 鸟臀目

科： 多刺甲龙科

生活年代： 白垩纪早期，距今 1.3 亿 ~1.25 亿年。

赖氏龙

赖氏龙的特征是长着一个显眼的骨质头冠，它的头冠随着年龄的增长而逐渐变大。古生物学家还发现了一些幼年赖氏龙的头骨化石，上面的头冠没有成年赖氏龙的那么大。目前古生物学家还不清楚赖氏龙头冠的具体作用。部分学者认为，空心的头冠可能被用来发送信号；还有些人则认为，只有雄性赖氏龙才有装饰性的头冠，交配期可以用它吸引异性。此外，赖氏龙的头骨还呈现出尖状的突起。

赖氏龙健壮的爪子肌肉发达，后爪可以快速行走。

赖氏龙的块头非常庞大，成年赖氏龙的身长可达15米，体重达7吨！

赖氏龙属于鸭嘴龙科。它的牙齿成列分布，可以用来磨碎植物，且换牙周期很短。

生活地区：今美洲大陆，化石在加拿大和墨西哥被发现。

命名：赖氏龙的拉丁语属名“*Lambeosaurus*”源自古生物学家劳伦斯·莫里斯·赖博的名字，后者于1923年在加拿大发现了赖氏龙的化石。

纲：蜥形纲

目：鸟臀目

科：鸭嘴龙科

生活年代：白垩纪晚期，距今7000万年。

赖氏龙的头骨

角　龙

很多恐龙的头部都长着铠甲，其中大部分被划分到了角龙亚目的范畴，最古老的品种当属新角龙。它是食草动物。大部分新角龙的身长达 1 米。不过，从发现的化石来看，有些新角龙身长达 4 米。新角龙颌骨前部的牙齿带尖，据推测，这可能被用作搏斗的武器。

新角龙的身长达 1~4 米，体形与大型犬类和小牛犊类似。它被认为是三角龙的祖先，于距今 1.1 亿 ~7000 万年的白垩纪晚期生活在今蒙古国一带。

新角龙用双足或四足行走，根据不同的需求可以切换行走姿势。新角龙的后爪比前爪长，长有指甲，有些新角龙还发育出了蹄。它们大部分以两足行走；为了躲避捕食者，可以跑得飞快！

尽管新角龙的尖嘴和头部的铠甲让它看上去面目狰狞，但它毕竟只是食草动物，它用叶状的牙齿来磨碎植物。新角龙的背后长着一个类似于项圈的环骨，随着年龄的增长而增大，用来抵御大型食肉动物，也用于在求偶时吸引异性。

古生物学家在蒙古的戈壁沙漠发现了多副原角龙骨架的化石，包括成年、青年、雄性和雌性的化石，这得益于当地的沙地环境，且该地没有食腐动物，原角龙的化石保存得非常好。雄性原角龙演化出了颈圈，颈圈随着年龄的增长而变大，据分析，该结构应该是在求偶时吸引异性用的。

原角龙

古生物学家发现了多块原角龙化石，包括从胚胎（卵中的幼体）到成年的各种形态，这些发现让人们对这类动物有了进一步的认识。在戈壁沙漠中，人们还发现了完整的原角龙窝，里边藏有 30 多枚原角龙的蛋，这一发现为我们带来了新的结论：恐龙安置蛋的方式与鸟类相似。

从发现的化石和窝巢来看，原角龙应该是以家庭为单位生活的，它也可能是小规模的群居动物。当然还有一种可能——多只雌性原角龙将蛋集中放在同一个窝里，然后分工合作：有的负责孵化，有的负责喂食。

刚出生的原角龙宝宝身长只有 30 多厘米！

复原的三角龙头部

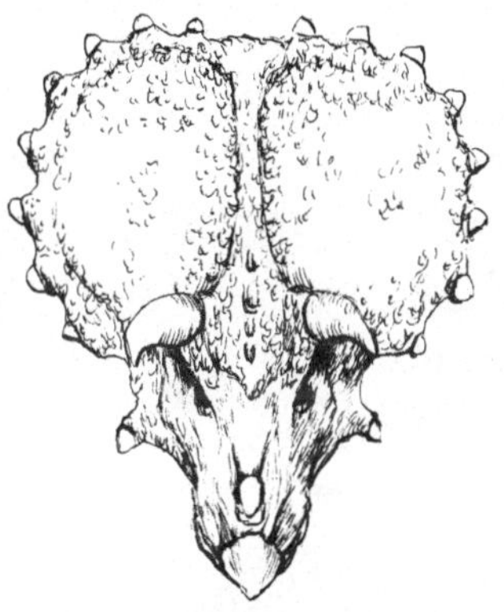

完整头骨的前部

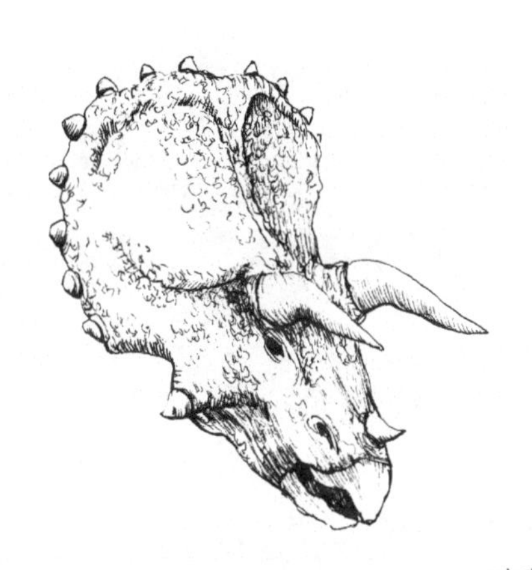

完整头骨的侧面

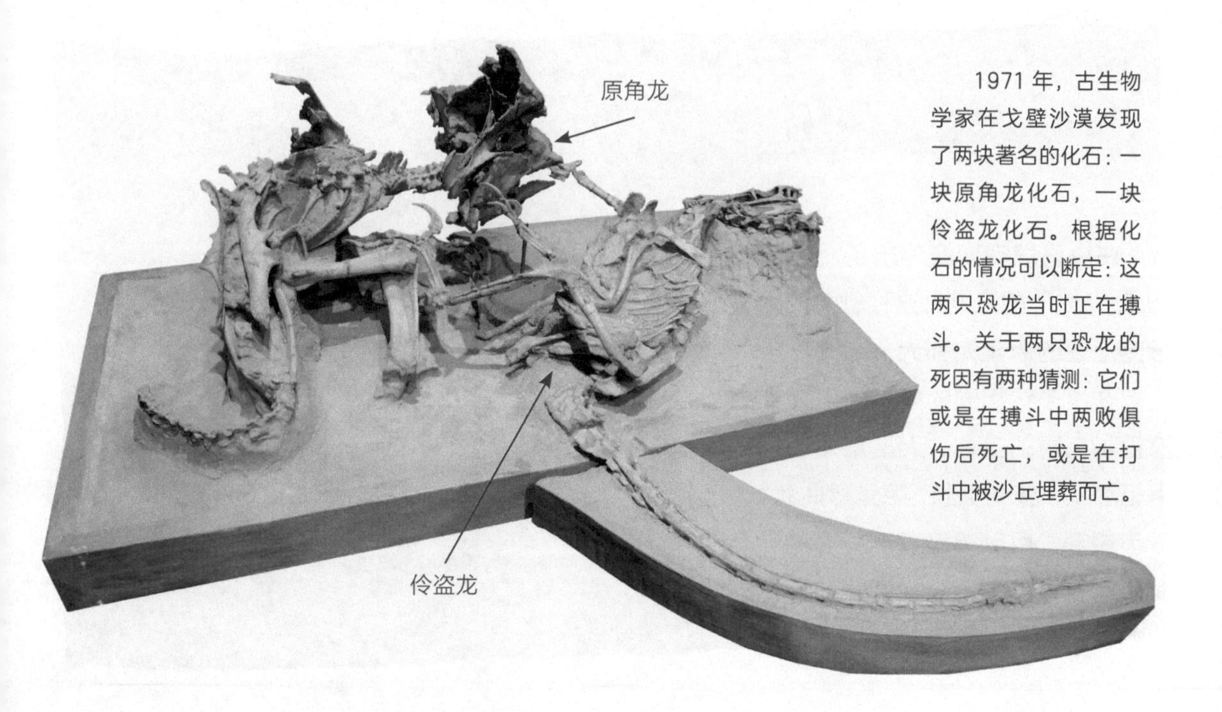

1971 年，古生物学家在戈壁沙漠发现了两块著名的化石：一块原角龙化石，一块伶盗龙化石。根据化石的情况可以断定：这两只恐龙当时正在搏斗。关于两只恐龙的死因有两种猜测：它们或是在搏斗中两败俱伤后死亡，或是在打斗中被沙丘埋葬而亡。

要捕食这种猎物，需要付出惨重的代价！

牛角龙

牛角龙的拉丁语属名“*Torosaurus*”意为“公牛恐龙”，这个名字来自它那长达 2.5 米的头骨。面对捕食者，牛角龙很可能会低下头，向敌人展示出头骨更加粗大的一面。牛角龙的身长超过了大象，体重达 6~8 吨。

在白垩纪晚期演化出了一种叫“大型角龙”的恐龙，这种恐龙的体形比上述的原角龙都大，它的爪子上有 3 根形状相同的指头，用来支撑更加沉重的身体。大型角龙的指甲呈蹄状，犄角很长；喙呈弯曲状，牙齿锐利，用以嚼碎植物。这种恐龙生活在今美洲大陆地区，部分生活在东亚地区。

尖角龙

尖角龙的鼻骨很长，呈现出向前或向后的突起。人们对这种恐龙的了解很多，因为古生物学家在加拿大的阿尔伯塔地区发现了很多零散的化石，而这些化石正来自上百只尖角龙。

三角龙

三角龙是最有名的恐龙之一。虽然是食草动物，但要捕食三角龙也要颇费一番周折：一方面是因为它很难被驯服，经常会“尥蹶子”；另一方面是因为它的颈骨长有犄角，让对手非常忌惮。

戟　龙

戟龙的特征是从头盾上延伸出 4 或 6 个犄角，形成了一个“皇冠”，这个“皇冠”具有防御功能。除此之外，在它的脸颊两侧还各长有一个小犄角，鼻子上也长着一个犄角，这样的防御系统让任何进攻的杀伤力都大打折扣。

三角龙

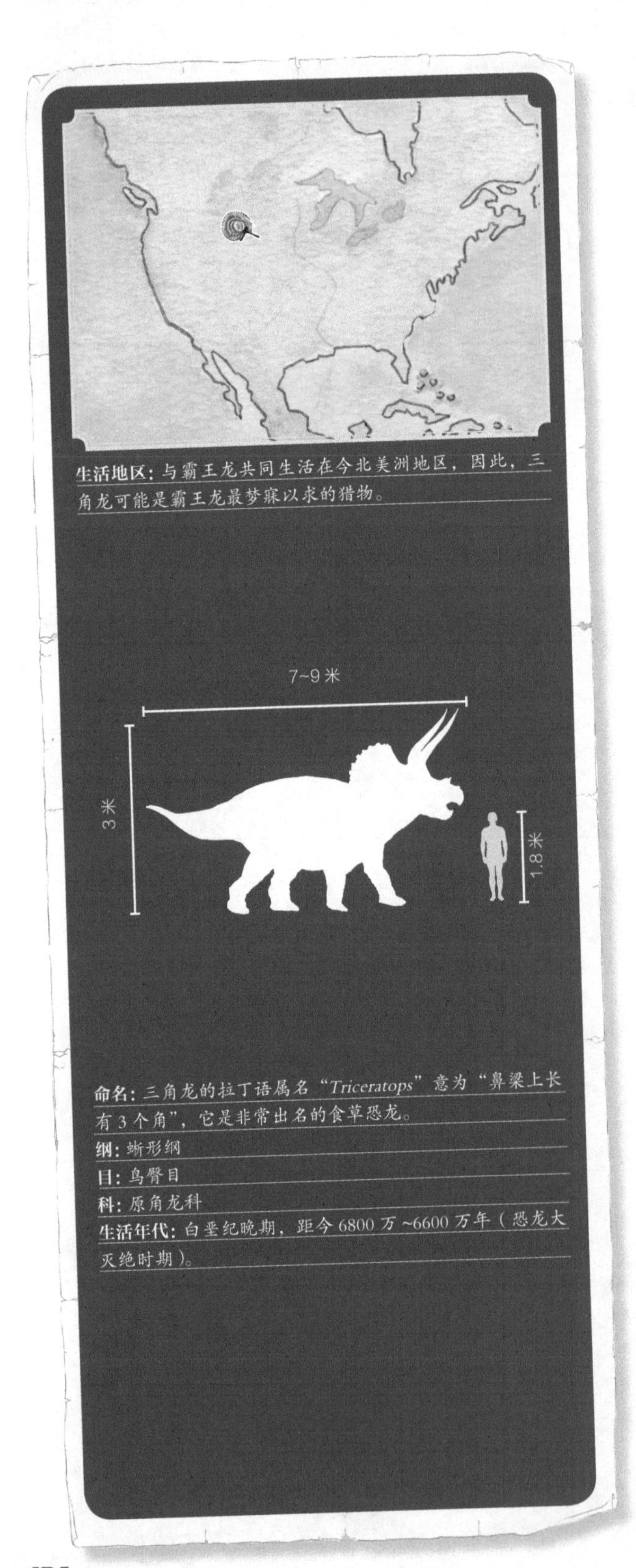

皮肤

古生物学家从化石中观察到，三角龙的皮肤上长有鳞片，同时，他们在三角龙的尾部区域还发现了类似毛刷的结构，不过，古生物学家尚未就这一结构进行深入研究。粗壮的头骨和厚实的皮肤让三角龙常常被比作“原始坦克”。

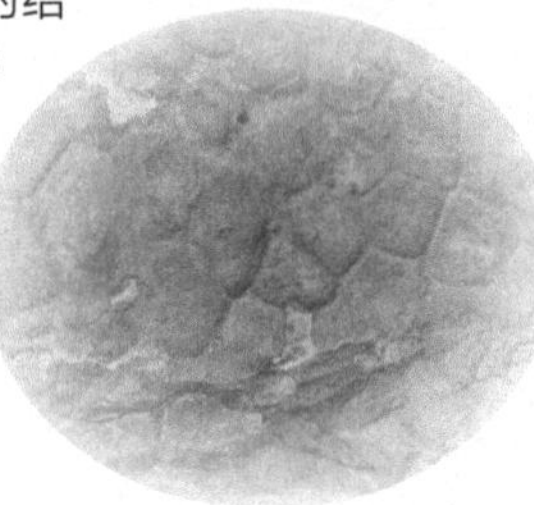

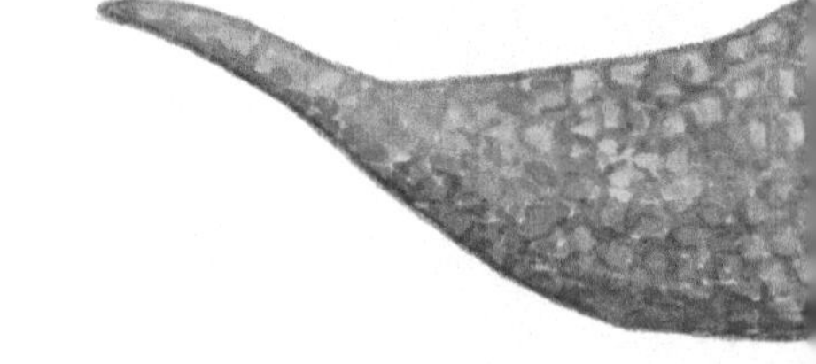

饮食

作为一种大型食草动物，三角龙以孢子和叶子为食。它的喙呈弯曲状，与现代鹦鹉的喙相似。由于四足着地，三角龙主要以低矮的植物为食。不过，也有专家认为，三角龙会将高树撞倒，或连根拔起，这样就能够到更高处的叶子。三角龙拥有 36~40 颗牙齿，成组分布，一颗牙掉了会马上长出新牙。据推测，三角龙一生要换 400~800 颗牙！

犄角与头骨

三角龙头上的两个犄角和鼻子上的一个犄角都有什么作用呢？古生物学家对此尚无定论。在过去的很多年里，古生物学家一度认为，这 3 个角主要用以抵御捕食者，但近期他们又得出了新的结论：雄性三角龙可能在求偶时利用这 3 个角来吸引异性，或是与其他雄性进行决斗。此外，三角龙头骨中的血管似乎证明，这 3 个角也有降温的作用。尽管头骨很发达，三角龙大脑所占的空间却很小。另外，与其他恐龙不同的是，三角龙的头骨不是空心的。

鼻梁上长着3个角

著名的化石发现

多块化石的发现让三角龙举世闻名。有些古生物学家甚至开玩笑称：海尔克里克岩层中的三角龙化石多得都让人没法走路了，随便走几步就会踩到三角龙化石！

三角龙的身体最长达 9 米，平均身长 7 米，身高 3 米左右，古生物学家推测，三角龙的体重有 6~12 吨。最有特点的是它的头骨，有些三角龙的头骨长达 2.5 米！头骨上的头盾向后延伸，能起到保护颈部和肩部的作用。三角龙眼眶上方有两个约 0.5 米长的犄角，第三个粗短的角长在鼻孔上方。

龙是从哪里来的呢？

众所周知，恐龙和人类并非生活在同一时代。从来没有发生过人科动物偶遇恐龙的情况，因为在人类出现时，恐龙早已灭绝了。不过，在世界各地的文化中都流传着一个类似爬行动物的巨大怪物的传说，人们把这种怪物叫作“龙”。

谁又能否认龙的形象与恐龙没有一点相似之处呢？

部分学者因此认为，之所以有这些传说，是因为人们确实在很久以前看到过存活的恐龙；也有学者认为，龙并不是真正活着的动物，而是人们将远古化石与现存生物对比后所臆想出来的形象；还有些学者则认为，那场大灭绝事件并没有同时殃及所有恐龙，而是持续了上百万年。因此，我们的原始人类也许确实见过恐龙。

人们很好奇，为什么原始壁画上有牛、马、猛犸和羚羊等动物的形象，却唯独没有恐龙呢？

其他学者认为，从恐龙灭绝（距今6500万年）到第一批人科动物的出现（距今450万年）相隔时间过长，因此人类不可能对恐龙有任何记忆。除此之外，人们也并没有亲眼看见过其他传说中的神兽（如鸟身女妖、独角兽、斯芬克斯等），这些都是想象的产物。在西方，龙被看作邪恶的象征，总是俯冲向地面并喘着令人厌恶的粗气，或是口中喷出大火或者龙卷风，摆动着长长的尾巴。在神话中，这些怪物会被英雄或圣人们无情地杀死！

在东方，龙则是一种吉祥和皇权的象征。在印度尼西亚的科莫多岛上，有一种名叫科莫多巨蜥的爬行动物。这种爬行动物比其他任何生物都更像龙，是地球上现存种类中最大的蜥蜴，也是一种非常凶残的捕食者。它会用尾巴拍打猎物，还会用毒牙撕咬猎物，直到猎物中毒身亡，成为它的一道佳肴。

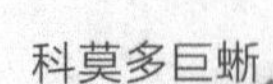

科莫多巨蜥

从恐龙……到海怪！

几乎在全球各地都流传着关于深海怪物的传说，这些海怪也让古生物学家联想起一些原始的海生恐龙。

这些海怪中很可能就有在大灭绝事件中存活下来的动物，我们人类的祖先看到它们，然后口口相传，最终变成了神话传说。《圣经》中的海怪利维坦是邪恶的象征，它让海员们闻风丧胆。或许在《圣经》成书前后，这种怪物作为大型海生动物大量出现在地中海一带。

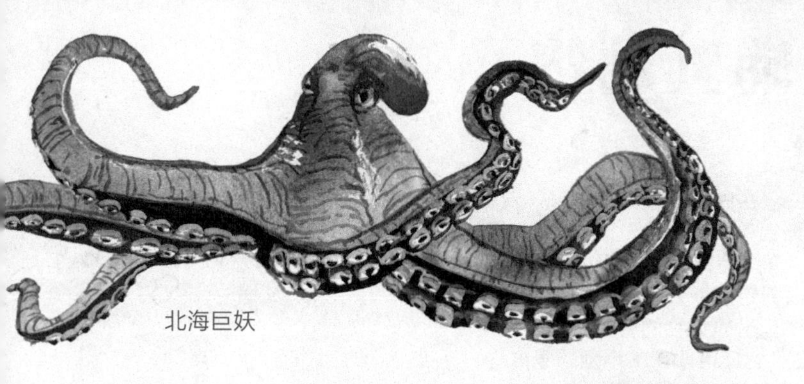
北海巨妖

北海海域流传着关于北海巨妖的传说，这是一种在文学作品中以“杀人章鱼”形象出现的妖怪。2005 年，太平洋海域的水下摄像机拍摄到一只身长 20 米的大王乌贼。然而，没有人知道古人是如何用肉眼看到这类生物的，因为这种生物通常喜欢在深海区活动，对攻击海面上的船只没有任何兴趣！

还有一些传说称，在如今的大海中生活着巨齿鲨，这是一种存活了 1200 万年的巨型鲨鱼。有些学者认为，这种生物是今天大白鲨的祖先，尽管它的体长达到了 20 米！还有些学者则认为，巨齿鲨并不是白鲨的近亲，而是 1976 年发现的巨口鲨的近亲。据估计，目前还有数十只巨口鲨生活在大海中。虽然巨齿鲨庞大的体形看上去很瘆人，但它主要靠滤食水中的软体动物为生。

巨齿鲨

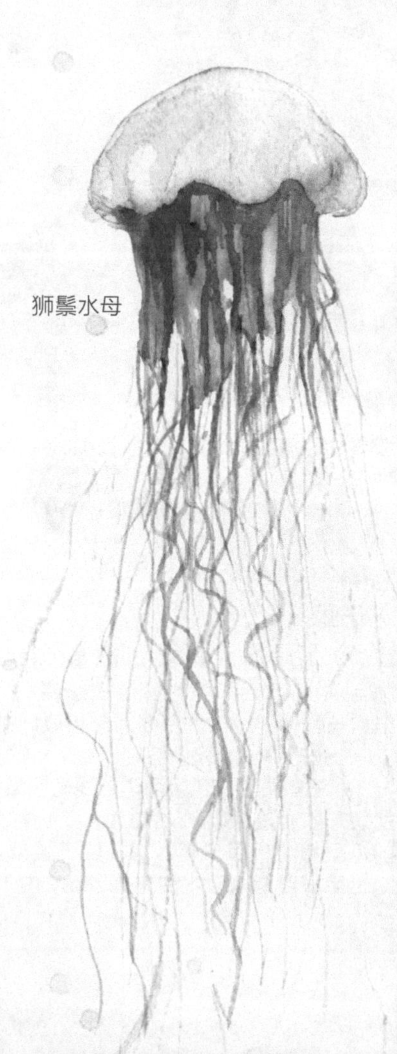
狮鬃水母

今天还存在吗?

1938 年，人们在南非捕获了一只腔棘鱼，在这之前，人们还以为这种动物早在泥盆纪就灭绝了！这个活化石让古生物学家兴奋不已，他们发现，在这个区域的腔棘鱼还没有改变原始的形态。腔棘鱼不仅是地球上最古老的水产品，一些专家的研究显示，它还是最长寿的鱼类之一。腔棘鱼的体长达 1.5 米，体重达 70 千克，这个体形证实了有些关于巨形鱼的非洲传说。

腔棘鱼

有些原始水母的体形也很大。目前已知的最大水母是狮鬃水母，其最长的伞状体直径超过 2 米，触手长达 36 米！这种水母也会被看作怪物，它的拉丁学名“*Gyanea capillata*”意为“美杜莎”，所指的就是神话中的蛇发女怪。据传说，只要有人看到蛇发女怪的眼睛，就会立刻变成雕像！

原始动物与哺乳动物

加斯顿鸟

加斯顿鸟

这是一种恐怖的鸟类，它的化石由著名古生物学家加斯顿·普兰特在德国发现，并以他的名字命名。加斯顿鸟的翅膀很小，不适合飞行；笨重的身体由粗壮的长爪支撑，这使它能奔跑自如；利爪则赋予了它攻击力。有人认为，根据喙的形态可以断定加斯顿鸟是捕食者，因为这种形态的喙可以用来撕扯猎物的肉体，粉碎猎物的骨头。这种鸟类以小型哺乳动物为食，但如果愿意的话，它还可以袭击小型的原古马。还有的古生物学家则认为，加斯顿鸟是食草动物，用喙来拔食植物。

长有刁蛮大嘴的可怕鸟类

伊神蝠

伊神蝠

伊神蝠是三叠纪时期演化出来的早期蝙蝠，这是一种与现代蝙蝠非常相似的哺乳动物。伊神蝠很可能已经形成了地理定位系统，但它的尾巴还没有像现代蝙蝠那样借由皮肤与爪子相连。通过对伊神蝠牙齿的研究，古生物学家认为，它以昆虫为食，某些伊神蝠胃部的化石也证明了这一结论。伊神蝠生活在洞穴里，大拇指比其他指要发达，主要的功能就是扒住洞穴的墙壁。伊神蝠的翼展达 40 厘米，体长 15 厘米，它的化石是在北美洲发现的。

龙王鲸

龙王鲸是一种原始鲸鱼，拉丁语属名“*Basilosaurus*”意为“帝王蜥蜴”，它的骨骼结构与神话传说中的海怪非常相似。龙王鲸体长 20~25 米，体重超过 10 吨。

龙王鲸生活在热带海洋的浅海区域，以鱼类、鱿鱼和其他海生哺乳动物为食。它的尾部灵活，前爪呈鳍状，后爪有 3 指，位于腰部。据推测，龙王鲸很可能以浮水的方式游动；由于没有呼吸孔，它只能通过鼻梁上方的鼻孔进行呼吸。

龙王鲸

犹因它兽

犹因它兽

古新纪晚期演化出了大型食草动物，其中，犹因它兽拥有近似于犀牛的体形。它的拉丁语属名“*Uintatherium*”意为“犹因塔山脉的野兽”。犹因它兽的犄角成对分布，犬齿类似于长牙，很可能被雄性用于求偶或搏斗。犹因它兽生活在今北美洲地区，以热带森林中的树叶、果实和水生植物为食。尽管头骨长达 1 米，它的大脑却非常小，只有 10 厘米长！

曲带鸟

曲带鸟生活在最后一个冰河时期，是那个时期最强的捕食者。它体重达130 千克，站立时高 2.5 米。尖钩喙很大，用来叼取猎物和撕咬肉体。曲带鸟的后爪肌肉非常发达，却丝毫不影响它的灵活度。它的每个爪子都有三指，每指都有长指甲，与飞禽的指甲形似，但明显要更大一些。

恐鸟

虽然体形硕大，曲带鸟却并不是其种群中最大的品种。2007 年，人们发现了曲带鸟的“表哥”——恐鸟，这种动物身高超过 3 米，体重超过 200 千克。

新鲁狼

新鲁狼

新鲁狼是原始的犬科动物，体形与郊狼相似，鼻子较短，身体较长，爪子部分可以收缩。

袋剑虎

袋剑虎是一种生活在今南美洲草原上的大型有袋捕食者。它的上部犬齿非常尖利，类似于刃齿虎的犬齿，这些致命武器“隐藏”在它下颌骨的牙囊里。

袋剑虎的每个爪子都有五指，每指都长有指甲。

三趾马

三趾马是一种始新世出现的原始马，完全适应开放草原的生活。与现代马不同的是，这种马的蹄子上有三趾，中趾最大，支撑全身的质量。它的牙齿很有韧性，可以嚼碎难嚼的青草。三趾马体长达 1.5 米，颌骨很长，蹄子很细，体形类似于矮马。在几百年的时间里，这种动物在今欧洲、亚洲和北美洲多地成群扩散。

三趾马

渐新象

渐新象

渐新象是一种原始象，颌骨很长，颌骨上长有两副长牙。它的下牙弯曲，用来叼取食物或剥啃树皮；上牙则比较短，用于雄性间的对扑和例行的决斗。渐新象可能已经呈现出了长鼻目动物的雏形。它的头骨是空心的，能起到减轻质量的作用。它的皮肤与现代大象相似。

剑吻古豚

剑吻古豚的拉丁语属名“*Eurhinodelphis*”意为“长着真吻的海豚”，是一种中新世特别常见的海豚。它的长吻很可能用作武器击打猎物。古生物学家根据剑吻古豚耳朵的结构判断，这种海豚已经具备了原始形态的回声定位系统。

剑吻古豚的尾巴呈双叶状，脊背上端长有一个呼吸孔，它的头骨呈对称状，与现代海豚非常相似。

剑吻古豚

阿根廷巨鹰

阿根廷巨鹰

截至目前，人们还没有发现太多关于阿根廷巨鹰的化石。如今最大的飞行鸟类是信天翁，阿根廷巨鹰的翼展达到了 7 米，由此可以推断，它的块头至少是信天翁的 2 倍。

阿根廷巨鹰的外形类似于秃鹫，很可能是食腐动物。它的喙很长且带钩，可用来撕扯猎物的肉体。

尽管翼展很长，阿根廷巨鹰的肌肉含量却并不高，因此它很可能是从高处起跳后借助气流起飞的。

后弓兽

后弓兽是更新世在草原上群居的食草哺乳动物。它的体态特征与现代的骆驼近似：颈部较长，头部较小。从发现的头骨化石来看，后弓兽鼻孔的位置比较奇怪，位于眼睛的中上部，这种动物很可能长有短鼻。它的蹄子较细，比较灵活，从牙齿可以看出它的食草属性。

后弓兽

超级老鼠，也可以说是像老鼠的老虎

莫尼西鼠

2008 年，古生物学家安德烈 · 林德克奈彻特与厄内斯托 · 布兰科宣称在乌拉圭拉普拉塔河附近的岩石地带发现了莫尼西鼠的化石，这是一种生活在 400 万年前的巨型老鼠。它的身长近 3 米，高约 1.5 米，体重至少 1 吨，体形大如公牛，正是这个原因，古生物学家也将它称作“超级老鼠”。比起家鼠，它的形态更像今天最大的啮齿动物——生活在南美洲的水豚，后者的体重有 60 千克，与莫尼西鼠相比明显要小得多。考虑到莫尼西鼠的量级，这种原始巨鼠很可能是半水生动物。异常尖利的牙齿是莫尼西鼠最危险的武器，可用来伐树或对抗捕食者。不过，由于莫尼西鼠体重较大，它的行动并不灵活。通过对头骨的分析，学者们发现它的咬力竟然可以与老虎相媲美。

刃齿虎

冰河时期的恐怖捕食者

部分学者认为，刃齿虎在捕猎时会扑到猎物身上，用犬牙刺入猎物身体柔软的部分，再大肆撕扯猎物使其失血身亡，最后便可以享用猎物了。

够绅士吧?

美国洛杉矶附近的拉布雷亚沥青坑是很多动物的葬身之地，古生物学家在其中发现了多块刃齿虎化石，这也是为什么古生物学家非常了解这种动物的特征。

刃齿虎是一种已经灭绝的哺乳动物，包括不同的品种，体长达 2~3 米，体重达 100~400 千克，块头比狮子还要大，尾部短小，两颗犬齿长达 15~20 厘米。学者们推断，刃齿虎是一种超级捕食者，甚至可以群攻猛犸；然而，部分古生物学家则认为，刃齿虎的咬力并没有我们想象中的那么强大，狮子之所以演化出了强大的咬力，是因为它要先把猎物的喉咙咬断，让其窒息而死，而刃齿虎则是用犬齿来攻击猎物的颈静脉，让猎物失血而死。

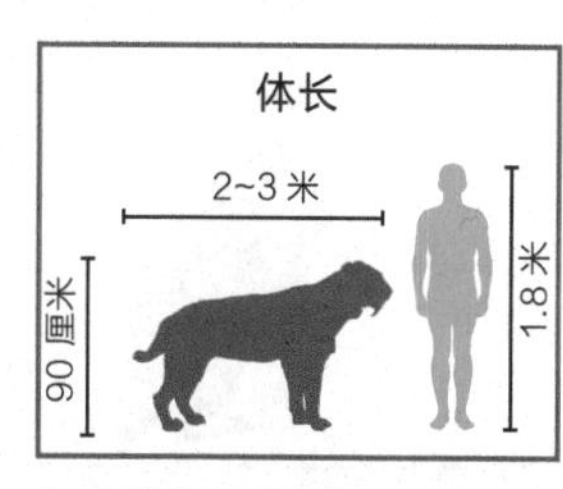

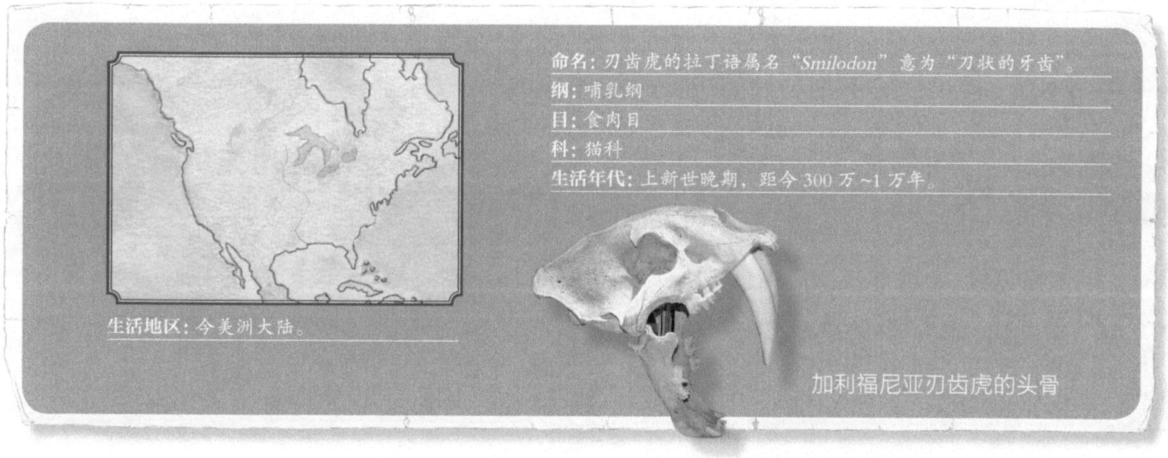

命名: 刃齿虎的拉丁语属名“*Smilodon*”意为“刀状的牙齿”。

纲: 哺乳纲

目: 食肉目

科: 猫科

生活年代: 上新世晚期，距今 300 万~1 万年。

生活地区: 今美洲大陆。

加利福尼亚刃齿虎的头骨

大地懒包括多种巨型陆生树懒，是一类灭绝了的无牙哺乳动物。

之所以用“巨型”这个词形容大地懒，是因为美洲大地懒的形态像熊，块头相当于一头大象！事实上，它的体长达 6 米，体重达 3~4 吨。

大地懒的指甲很长，但并非用来捕猎动物，而是抓取树叶以食用的。除了树叶，它还以孢子和灌木为食。

因为长有指甲，大地懒不能完全用指关节支撑地面。多数时候，它是直立的姿势，用尾部保持身体的平衡，用前爪抓取食物。

大地懒身上的长毛可以用来抵御寒冷，雌性会将幼崽背起，或是将它们放于胸前，这时，长毛就成了幼崽的抓手。

无牙的哺乳动物

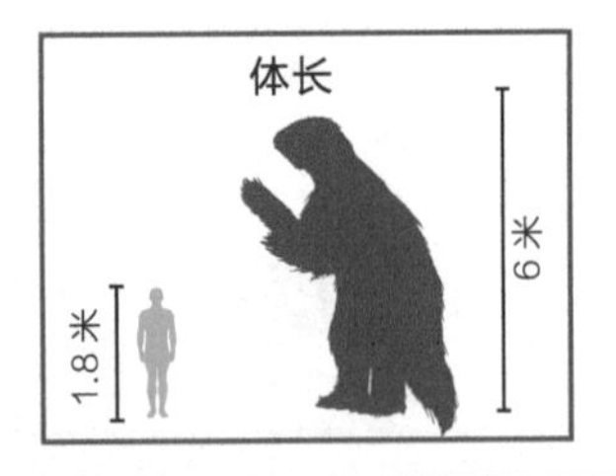

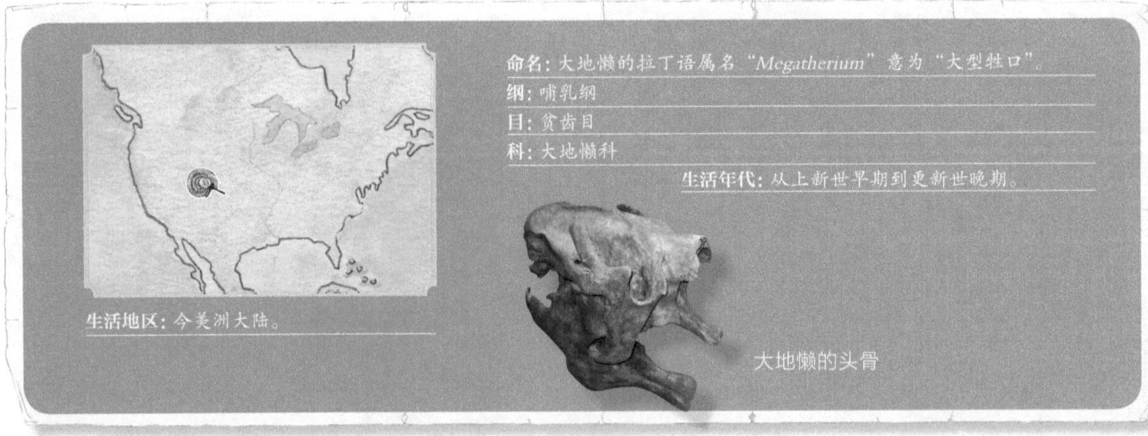

双门齿兽

在今澳大利亚地区生活着成群的大型有袋类动物，其中就包括双门齿兽。这种动物的体形堪比犀牛，长着厚重的颌骨，牙齿适合磨碎青草。随着气候逐渐变得干燥，双门齿兽走向了灭绝，取而代之的是袋鼠。

有史以来最大的有袋类动物!

双门齿兽

帝王猛犸象

帝王猛犸象

最后一个冰河世纪中最大的陆生动物就是帝王猛犸象。与毛象不同的是，帝王猛犸象已经适应了炎热的生活环境（今中亚地区），因此身上没有长出厚厚的皮毛。它身高有 4~5 米，体重达 8~10 吨，最显著的特征就是它向内侧弯曲的长牙。它的牙长 5 米，重 80 千克！帝王猛犸象的脊背从肩部向骨盆倾斜。

毛象

毛象属于真猛犸象一类，与猛犸象相比，它的体形更小，身高 3.5 米，体重不超过 3 吨。厚厚的皮毛使它能够在今北美洲、欧洲和亚洲的冰原地带生活。它的头部后方长有脂肪组织和耳朵。它的耳朵比现代大象的耳朵要小得多，因此不会流失太多热量。弯曲的象牙或许能够移除地面上的冰块，也可能用于搏斗。

毛象

猛犸象的化石被冰封在今美国阿拉斯加和俄罗斯西伯利亚的永冻层里，它的皮肤、肌肉和皮毛等软体部分也连同骨骼一起保存了下来，有些化石里还原封不动地保留了胃里的食物！

此外，猛犸象的形象还出现在原始人类的壁画里，这也为古生物学家的研究提供了帮助。

河套大角鹿

有史以来最大的犄角！

河套大角鹿

河套大角鹿的体形很大，它拥有史上最长的犄角，其中，雄性鹿角的长度可达 4 米！河套大角鹿生活在距今 9000 年前的全新世。虽然鹿角很大，古生物学家根据化石上的磨痕推测，鹿角并非只起到美观的作用，还能用于搏斗。一般来说，现代的鹿仅雄性有 1 对角，且每年繁殖期过后鹿角会脱落，第二年再长出新角。人们目前仍然没有确定，这套生理系统对河套大角鹿是否适用。河套大角鹿的蹄子很粗壮。从牙齿情况来看，它的主要食物是鲜嫩的植物。河套大角鹿的上嘴唇很可能像骆驼的一样，可以叼取食物。

近代灭绝的动物

根据学者的计算，从 1600 年前至今的这段时间里，灭绝的动物达到了 175 种！其中很多动物都是在人类统治地球后灭绝的。

通常来讲，人类会将濒临灭绝的动物放在一个更安全的环境之中，好让它们远离危险地带（如战争、偷猎和污染等环境）进行繁殖。一旦危险解除，古生物学家便会将这些动物放归到自然环境中。

欧洲野牛

欧洲野牛是一种野生的攻击性动物，曾广泛分布于欧洲、中东和中亚等地。它的牛角呈月牙形并向前弯曲，它的脊背上有一条白色斑纹，雄性皮毛为黑色，雌性和牛犊颜色偏红。这种牛比今天的奶牛个子要高，原始人也将这种动物画在了岩壁上。在意大利卡拉布里亚大区的帕帕斯德罗、法国的拉斯科和派契迈尔洞窟都可以找到类似的岩画。在铁器时代的安纳托利亚和地中海东部沿岸地区，欧洲野牛被奉为圣兽。最后一头欧洲野牛为雌性，于 1627 年死于波兰。

史德拉海牛

史德拉海牛是以生物学家乔治·史德拉的名字命名的，他于 1741 年在位于俄罗斯的西伯利亚和美国阿拉斯加之间的白令海峡发现了这种动物。史德拉海牛身长达 9 米，体重达 13 吨。这一发现比较偶然，当时，丹麦探险家白令率领的船队遭遇了强烈风暴的袭击，船只被打到了一座小岛上，船队人员不得不在这座岛上滞留到次年夏天。为了充饥，他们无意中发现了一种新的动物，而当时担任船医的生物学家史德拉就将这些动物的详细特征一一记录了下来。史德拉海牛是一种食草哺乳动物，也是儒艮和海象的近亲，不过从体形上来看，它更接近于现代的鲸；史德拉海牛的皮呈黑色，质地较硬，可防御尖利的冰川和礁石，人们用它的皮来建造船只和制作鞋袜，这种产品可以让人类抵御极地的寒冷气候。此外，它脂肪的营养非常丰富，常被水手们拿来治坏血病（一种因长期营养不良而产生的疾病）。很多史德拉海牛都是因为这个原因被人类捕杀的。1768 年，最后一只史德拉海牛离开了世界。

渡渡鸟

作为灭绝动物的代表，渡渡鸟身长 50 厘米，体重 25~30 千克。它是一种不会飞行的大型鸟类，性格温顺。渡渡鸟曾生活在毛里求斯岛上，没有天敌。然而，自 17 世纪中叶起，葡萄牙和荷兰开始在毛里求斯岛进行殖民统治，殖民者将狗、猪、猴子、老鼠（老鼠并非人为带去的，而是因为大量老鼠藏在了船舱里）这些动物第一次带上了岛。它们或是对渡渡鸟发起了攻击，或是袭击渡渡鸟在地面上搭建的窝巢。由于行动笨拙，渡渡鸟无法保护自己的蛋，这种情况的不断持续最终导致渡渡鸟走向灭绝。有人说，渡渡鸟是被人类所害，其实并不是这样，因为人类并不食用渡渡鸟的肉，不过，人类也没有对它进行有效的保护。

大海雀

大海雀生活在北太平洋的冰冷海域、加拿大与美国海岸以及北欧海域，与所有企鹅相似的是：它会游泳，却不会飞行。从16世纪中叶到19世纪中叶，发生了一件被古生物学家称作“小冰蚀”的事件：在这一时期，北极熊可活动的冰面非常广阔，这让它能轻易攻击大海雀的窝巢，后者的数量急剧减少。此外，由于皮毛质地松软，大海雀也成为人类的猎物。1844年，最后一只大海雀在一座英国小岛上被3名水手杀死。这3个人当时遭遇了强烈的暴风雨，他们误以为这是大海雀带来的灾难，便把它给杀了！

渡渡鸟喜欢四处闲逛，也喜欢晒太阳。

然而，尽管栖息地至今仍艳阳高照，却早已不见了渡渡鸟的踪影！渡渡鸟的叫声很尖利，声音与鹅叫相似，不过现在人们再也听不到这种叫声了，好在我们今天还可以在博物馆里看到它仅存的骨架。

（节选自《坏孩子的节奏书》，贝洛克·希莱尔）

袋狼

袋狼也叫塔斯马尼亚狼，是一种3500年前生活在澳大利亚的有袋类食肉动物。在欧洲野犬出现之前，袋狼曾是大洋洲最大的捕猎动物。据推测，它身长1.5米，尾长50~60厘米，肩部到地面有60厘米，体重达20~30千克。袋狼身体的前半段比较像尖耳短毛犬，后半段向地面倾斜，尾部较大。袋狼的脊背后端呈现出了老虎的特征，因此也被称作塔斯马尼亚虎。地球上最后一只袋狼为雌性，于1936年在隔离环境中死去。从相关影像中我们可以看到，袋狼的嘴可以张得很开。目前，人们还没有探明袋狼在自然环境中的生活习性。据推测，它在白天很可能会躲在树洞和岩洞里，夜间出洞打猎。袋狼主要的猎物包括袋鼠、沙袋鼠、毛鼻袋熊和其他小型动物。澳洲野犬的出现并不是袋狼灭绝的唯一原因。澳大利亚生态系统的变化也是一个重要原因。此外，由于忌惮袋狼对羊群的袭击，人类也将袋狼作为猎物处理。

里海虎

里海虎也叫波斯虎，与孟加拉虎和西伯利亚虎并称为人类出现后地球上3种最大的虎类。成年雄性里海虎体长可达2米！里海虎生活在里海和中亚的丛林地带。人类最后一次看到里海虎是在1970年，不过，里海虎可能到1990年才灭绝。人类组织的捕猎“运动”加剧了里海虎的灭亡。除单纯的捕猎兴趣外，里海虎的高质量皮毛也是人类捕杀它的原因之一。此外，地质变化、猪瘟和疯牛病造成的猎物减少，也让里海虎的生存环境进一步恶化。

人类出现在地球上

人类的演化史于 400 万年前在非洲拉开了序幕。

露西在缀满钻石的天空中

1974 年，当披头士乐队的著名歌曲《露西在缀满钻石的天空中》问世没多久时，古生物学家在埃塞俄比亚的哈达尔发现了一副几乎完整的雌性南方古猿骨架的化石，于是，他们立刻将这副骨架命名为“露西”。这位女性生活在 350 万年前，高 1.1 米，重 25 千克，在 25 岁时死去，这样的寿命在当时已经算长的了。尽管是直立行走，修长的胳膊证明她可能也是爬树高手。

人　科

人科动物是从猿演化而来的，这种动物长有类似猿的面貌，直立行走，是人类的祖先。

南方古猿
400 万年前

大约 400 万年前，部分原始人从树上下到了地面，在非洲大草原上开始了探险的旅途。古生物学家将这群人科动物称作“南方古猿”。这类动物较矮小，大脑演化程度很低。不过，南方古猿还是两足行走的，这样可以解放双手来采集食物，并用石头和木棒自卫。同时，站立的姿势还能让他们对远处的危险情况进行侦察。南方古猿可以行走很长的距离，沿途用双手抓取食物，猎捕小动物。

能　人
200 万年前

大约 200 万年前，非洲出现了一种新的人科动物，古生物学家将其命名为“能人”。能人仍然保持着原始的面目特征，但牙齿和头骨已经与现代的人类相似。能人身高 1.25~1.35 米，体重约 40 千克。能人会采摘果实和种子，还会用尖利的石头从大型捕猎动物捕杀的动物尸体上剥肉吃。这些石头就是所谓的大砍刀，这种工具或许是能人无意间找到的，也可能是能人通过撞击两块大石头制成的。

直立人

150 万年前

大约 150 万年前，非洲出现了另一种新型人科动物，古生物学家将其命名为“直立人”（在发现这种人科动物时，古生物学家对之前的人科动物还没有任何了解，因此把他们看作第一种直立行走的人类）。直立人体形高大，大脑发达，脸庞宽大。直立人能非常灵活地利用石头来劳动，他们将石头削成双刃切割工具，用来打猎、挖掘和防卫，同时还能用这种工具剥掉动物的皮毛。据推测，为了去到温度更适宜、更适合打猎的地带，这种人类很可能已经开始跟着兽群从非洲大陆迁移到其他大陆了。

早期智人

30 万年前

距今约 30 万年前出现了一种新的人类，当时的地球正经历着一系列气候变化，包括一系列的冰蚀。学者将这类人科动物命名为“智人”，以此来强调其大脑与现代人的相似度。在智人中有一种尼安德特人，因其化石在德国尼安德特河谷被发现而得名。这类人科动物生活在寒冷的针叶林中，能够用木头和石头熟练地制造出锋利的武器来从事打猎活动。同时，尼安德特人学会了用猛犸象的骨头、木柴和动物的皮毛来建造房屋，还会用动物的皮毛制作衣服。由于气候寒冷，智人可食用的果实和种子不多，他们主要以打猎为生。

晚期智人

4 万年前

大约 4 万年前，最后一类人科动物演化完成，他们就是晚期智人，我们就属于这一类。部分古生物学家在法国克罗马农发现了一群生活在那个时代的现代智人化石，他们将其命名为“克罗马农人”。克罗马农人身高 170~180 厘米，智商很高。

由于冰蚀期的生活条件比较艰难，克罗马农人依靠捕猎驯鹿存活了下来。他们用打火石、动物骨头和木头制作出了精密的工具。

直立人学会了用火。这项革命性的技能也让部分学者将这一时代命名为“火的时代”！火的使用为人类的打猎习惯带来了革命性的转变：人类可以用火来吓唬野兽，也可以用带火的树枝捕杀动物。此外，火还改变了人类的饮食方式：原始人肯定是在偶然间发现，经过烹饪的食物会更好消化一些，随后便将这一习惯延续了下来。在洞穴中生火，既可以驱赶猛兽，又可以在夜间和冬季取暖。此外，火的使用还让人类摆脱了昼夜交替的束缚，实现了夜间的照明。

火的时代

尼安德特人成群结队地去打猎，这些人不总是满足于捕猎小型动物，有时也会袭击像猛犸象一样的大型野兽，真是勇气可嘉！在打猎的过程中，每位成员都有着明确的分工：有人负责侦察，看见动物出没后就给其他成员发信号；有人负责用点着火的树枝吓唬野兽，如果野兽放弃攻击转而逃跑，那么其他人就会一起将动物引入提前布下的陷阱中。陷阱可以是内部安插若干木棍的土坑，也可以是山谷地带，在这种地带，人类会从高处向动物投掷标枪。

猛犸象是原始人梦寐以求的猎物，它的肉可以吃，它的皮毛、象牙和骨头可以用于建造房屋，制作衣服。

石器时代

古生物学家认为，能人最先用石头打造出了早期的工具。

大砍刀是一种单侧磨出刃的工具，是人类用一块石头与另一块石头相凿打磨而成的。石头看似简陋，却能被打造成工具，这一切都证明人类智力的开发进入了重要阶段！人类手握大砍刀攻击或切割猎物。

双刃刀也是用石头打磨而成的，两边带刃，呈杏仁状，主要的制作材料为打火石。这是一种硅质岩石，虽然坚硬，但也比较容易打磨。

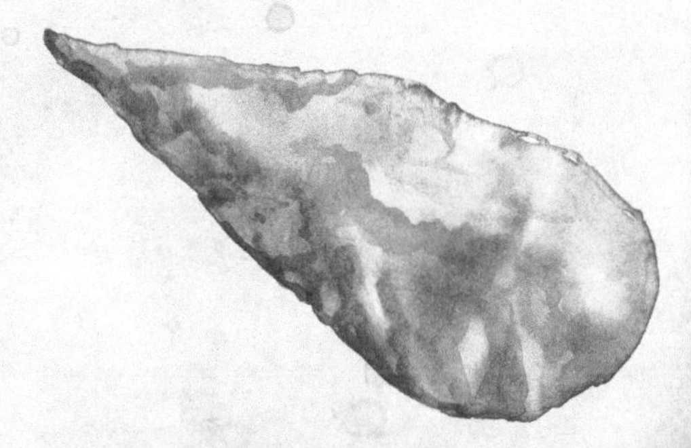